软装全案设计师必备

全案设计实战

DECORATION
DESIGNER

李红阳　庄园　编著

中国电力出版社
CHINA ELECTRIC POWER PRESS

内 容 提 要

室内全案设计是将室内装饰装修"功能化硬装"与"个性化软装"全面融入设计之中，提供硬装与软装一步到位的整体化方案，主要包括功能布局、风格定位、色彩应用、材料选择、界面设计、灯光照明、布艺搭配、饰品陈设等内容。本书内容分为软装色彩应用、灯光照明设计、软装家具陈设、布艺织物搭配、软装饰品摆场共 5 章，这些内容是全案设计中的软装设计部分，同时也是编者根据多年经验归纳出的一系列适合实战应用的软装设计规律。本书不仅可以作为室内设计师和相关从业人员的参考工具书，也可作为高等院校相关专业的辅助教材。

图书在版编目（CIP）数据

软装全案设计师必备．全案设计实战 / 李红阳，庄园编著． — 北京 ：中国电力
出版社，2020.8
　　ISBN 978-7-5198-4746-3

Ⅰ．①软… Ⅱ．①李… ②庄… Ⅲ．①室内装饰设计 Ⅳ．① TU238.2

中国版本图书馆 CIP 数据核字（2020）第 107682 号

出版发行：中国电力出版社
地　　址：北京市东城区北京站西街 19 号（邮政编码 100005）
网　　址：http://www.cepp.sgcc.com.cn
责任编辑：曹　巍 （010-63412609）
责任校对：黄　蓓　马　宁
装帧设计：唯佳文化
责任印制：杨晓东

印　　刷：北京博海升彩色印刷有限公司
版　　次：2020 年 8 月第一版
印　　次：2020 年 8 月北京第一次印刷
开　　本：787 毫米 ×1092 毫米　16 开本
印　　张：14
字　　数：308 千字
定　　价：88.00 元

近几年来，全国各地陆续出台推广精装房的政策条例，越来越多的新楼盘开始以精装房的形式面向购房者，并逐渐成为一种趋势。因为精装房在交房前，所有功能空间的固定面全部铺装或粉刷完成，厨房和卫浴间的基本设备也全部安装完成。除了少数业主对户型结构或空间色彩不满意之外，很少有人会对精装房大规模施工，因此全案设计开始代替单一的硬装设计成为精装房入住的重头戏。

全案设计的概念是将"功能化硬装"与"个性化软装"理念全面融入设计之中，提供硬装与软装一步到位的整体化方案，主要包括功能布局、风格定位、色彩应用、材料选择、界面设计、灯光照明、布艺搭配、饰品陈设等内容。全案设计是一个系统的过程，想成为一名合格的全案设计师，不仅要了解多种多样的软装风格，还要培养一定的色彩美学修养，对品类繁多的软装元素更是要了解其设计法则。如果仅有抽象的理论，而没有进一步形象的描述，很难让缺乏专业知识的人学好软装设计。

《软装全案设计师必备》系列丛书分为《全案设计基础》与《全案设计实战》两册。其中《全案设计基础》分为室内装饰材料应用、室内装饰功能尺寸、室内装饰风格类型、室内空间界面设计、全屋收纳定制方案 5 章，这些内容是成为全案设计师必须了解和掌握的基础知识。《全案设计实战》分为软装色彩应用、灯光照明设计、软装家具陈设、布艺织物搭配、软装饰品摆场 5 章，这些内容是全案设计中的软装设计部分，同时也是作者根据多年经验归纳出的、一系列适合实战应用的软装设计规律。

本书力求结构清晰，内容易懂，知识点深入浅出，不只介绍理论，更多的是讲解软装设计师应掌握的实用性知识。本书可作为室内设计师和相关从业人员的参考工具书，也可作为高等院校相关专业的辅助教材。

编 者

2020 年 7 月

目录

Contents

全案设计实战

软装全案设计师必备

PART

1

软装 色彩 应用

-FURNISHING-

-DESIGN-

第一章

在系统的色彩知识中，色彩与色彩之间会形成一定的关系，并且色彩之间必须有秩序，而非杂乱无章，这符合人类认识外部事物的特点。此外，在已经区分的色彩类别中，色彩与色彩之间会形成特定的从属、并列、种属等关系。因此，掌握室内设计中的色彩搭配技巧，是软装设计师所必须具备的技能之一。

第一节

室内配色基础知识

FURNISHING

DESIGN

Point

01 色彩基本属性

色彩属性是指色彩所具有的色相、明度、纯度、色调等性质，是界定色彩感官识别的基础。掌握色彩的基本特征在软装设计时起到至关重要的作用，只有将彼此间的关系安排恰当，才能体现完美的视觉效果。

色相环是一种工具，用于了解色彩之间的关系。一个色相环的色彩少的有白种，多的则可以达到24种、48种、96种或更多。一般最常见的是12色相环，由12种基本的颜色组成，每一色相间距为30度。色相环中首先包含的是色彩三原色。原色混合产生了二次色，再用二次色混合，产生了三次色。

◆ 色相

色相由原色、间色和复色构成，是色彩的首要特征，也是区别各种不同色彩的标准。任何黑、白、灰以外的颜色都有色相的属性。色相的特征决定于光源的光谱组成，以及有色物体表面反射的波长辐射比值。从光学意义上讲，色相差别是由光波波长的长短产生的。即便是同一类颜色，也能分为几种色相，如黄颜色可以分为中黄、土黄、柠檬黄等；灰颜色则可以分为红灰、蓝灰、紫灰等。光谱中有红、橙、黄、绿、蓝、靛、紫七种基本色光，人的眼睛可以分辨出约180种不同色相的颜色。

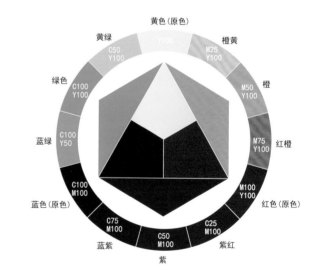

◇ 中黄色

◇ 土黄色

◇ 柠檬黄

◆ 明度

明度是指色彩的亮度。各种有色物体由于其反射光量的区别，会产生颜色的明暗及强弱。颜色有深浅、明暗的变化，如深黄、中黄、淡黄、柠檬黄等黄色系在明度上就不一样，紫红、深红、玫瑰红、大红、朱红、橘红等红色系在亮度上也不尽相同。这些在明暗、深浅上的不同变化，就是色彩的明度变化。

在所有的颜色中，白色明度最高，黑色明度最低。不同色相的明度也不同，从色相环中可以看到黄色最亮，即明度最高；蓝色最暗，即明度最低；青、绿色为中间明度。黄色比橙色亮、橙色比红色亮、红色比紫色亮。不同明度的色彩，给人的印象和感受是不同的。

任何一种色相中加入白色，都会提高明度，白色成分越多，明度也就越高；任何一种色相中加入黑色，明度相对降低，黑色越多，明度越低。不过相同的颜色，因光线照射的强弱不同也会产生不同的明暗变化。

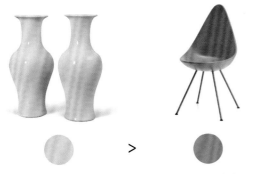

◇ 黄色比橙色亮、橙色比红色亮、红色比紫色亮

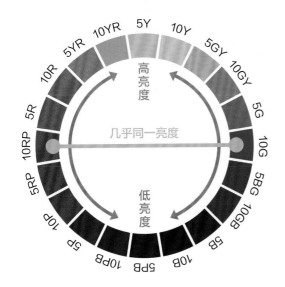

◇ 色相越向上靠近黄色明度越高，越向下靠近蓝色明度越低，左右并排的色相明度基本相同

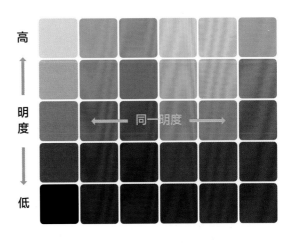

◇ 横向是同一明度，纵向是同一色相。即使色相不同，横向的明度是相同的。像这样色相相同但是明度有差别，就产生了色彩的变化

◆ 纯度

纯度是指原色在色彩中所占据的百分比，是深色、浅色等色彩鲜艳度的判断标准。通常纯度越高，色彩越鲜艳。纯度最高的色彩为原色，随着纯度的降低，色彩就会变得暗淡。纯度降到最低就会变为无彩色，也就是黑色、白色和灰色。同一色相的色彩，不掺杂白色或者黑色，则被称为纯色。

在纯色中加入不同明度的无彩色，会出现不同的纯度。以红色为例，向纯红色中加入一点白色，纯度下降后明度上升，变为淡红色。反之，加入黑色或灰色，则相应的纯度和明度同时下降。

由不同纯度组成的色调，接近纯色的叫高纯度色，接近灰色的叫低纯度色，处于两者之间的叫中纯度色。从视觉效果上来说，纯度高的色彩由于明亮、艳丽，因而容易引起人的视觉兴奋并吸引人的注意力；低纯度的色彩比较单调、耐看，更容易使人产生联想；中纯度的色彩较为丰富、优美。

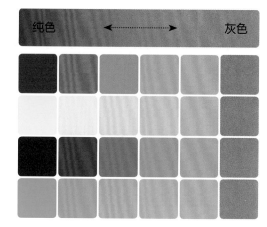

◇ 左边是不含杂质的纯色，随着纯度逐渐降低后接近灰色

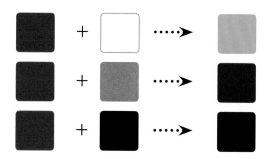

◇ 加入黑、白、灰色就可以降低纯度

◇ 两个都是相同的色相和明度，但右边的纯度高，会给人以鲜艳的印象

◆ 色调

色调是指各物体之间所形成的整体色彩倾向。例如一幅绘画作品虽然用了多种颜色，但总体有一种倾向，如偏蓝或偏红，偏暖或偏冷等，这种颜色上的倾向就是一幅绘画的色调。不同色调表达的意境不同，给人的视觉感受和产生的情感色彩也不同。

色调的类别很多，从色相分，有红色调、黄色调、绿色调、紫色调等；从色彩明度分，可以有明色调、暗色调、中间色调；从色彩的冷暖分，有暖色调、冷色调、中性色调；从色彩的纯度分，有鲜艳的强色调和含灰的弱色调等。以上各种色调又有温和的和对比强烈的区分，例如鲜艳的纯色调、接近白色的淡色调、接近黑色的暗色调等。

色调是决定色彩印象的主要元素。即使色相不统一，只要色调一致的话，画面也能展现统一的配色效果。

◇ 鲜艳的纯色调

◇ 接近于黑色的暗色调

◇ 接近于白色的淡色调

色调氛围表

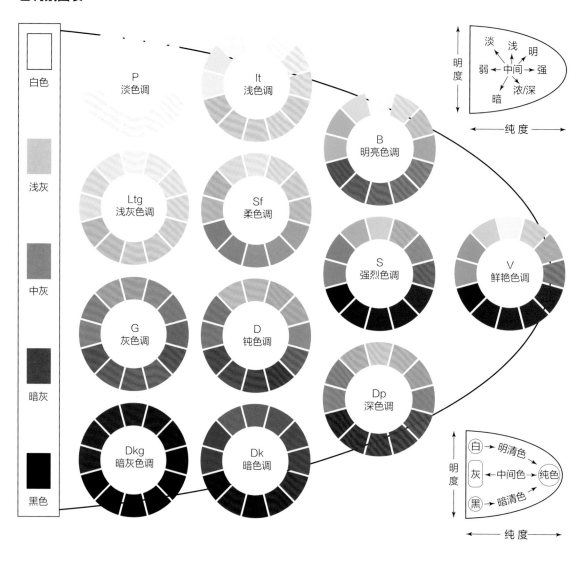

淡色调	浅色调	明亮色调
轻柔、浪漫、天真、简洁	温顺、柔软、纯真、纤细	单纯、快乐、清爽、舒适
浅灰色调	柔色调	强烈色调
高雅、内涵、洗练、女性	温和、雅致、和蔼、舒畅	热情、动感、活泼、年轻
灰色调	钝色调	深色调
稳重、朴素、高档、安静	庄严、田园、成熟、浑浊	浓重、华丽、高级、丰富
暗灰色调	暗色调	鲜艳色调
厚重、古朴、强力、高级	传统、古典、结实、执着	热情、活力、鲜明、艳丽

Point

02 色彩心理效应

虽然色彩只是一种物理现象，但却能给人带来不同的感受。每一种色相，当它的纯度和明度发生变化时，其视觉感受也会随之产生变化。或产生明亮、鲜艳的感觉，或产生华丽与朴素、暖与冷等这样的印象。这种具有情绪性的颜色作用就是色彩的心理效应。它通常是根据色相、明度、纯度各自的作用及其组合，来表达各种感情。

◆ 色彩冷暖感

色彩的冷暖感主要是色彩对视觉的作用而使人所产生的一种主观感受。

红色、黄色、橙色以及倾向于这些颜色的色彩能够给人温暖的感觉。人们通常看到暖色就会联想到灯光、太阳光、荧光等，所以称这类颜色为暖色；蓝色、蓝绿色、蓝紫色会让人联想到天空、海洋、冰雪、月光等，使人感到冰凉，因此称这类颜色为冷色。

冷暖感基本是靠色相决定的，根据纯度和明度的程度，冷暖的感觉方式也会产生变化。暖色纯度越高，越会给人以热烈感；冷色纯度越高，越会给人寒冷的感觉。不具有色相的黑、白、灰，有时也会被分在冷色系中。

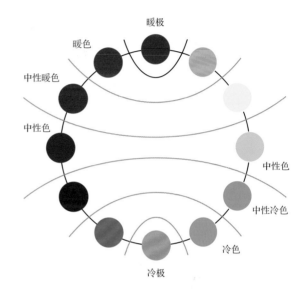

◇ 红、橙、黄等暖色系视觉上给人温暖印象

◇ 蓝、蓝绿等冷色系视觉上给人寒冷印象

◇ 暖色系软装元素

◇ 冷色系软装元素

◆ 色彩软硬感

色彩的软硬感主要与明度有关，明度高的色彩给人以柔软、亲切的感觉；明度低的色彩则给人坚硬、冷漠的感觉。此外，色彩的软硬感还与纯度有关，高纯度和低明度的色彩都呈坚硬感；明度高纯度低的色彩有柔软感，中纯度的色彩也呈柔感，因为它们易使人联想到动物的皮毛和毛绒织物。暖色系给人以较软的感觉，冷色系给人以较硬的感觉。

在无彩色中，黑色与白色给人以较硬的感觉，而灰色则较柔软。进行软装设计时，可利用色彩的软硬感来创造舒适宜人的色调。

柔软

坚硬

◇ 亮色给人柔软的感觉，暗色给人坚硬的感觉

◇ 左边高明度黄色的椅子显得柔软，右边低明度的椅子显得坚硬

◇ 低纯度高明度的色彩，给人一种轻柔舒适感

◇ 即使是纯度很高的橙色，在降低了明度后，也会给人一种坚硬感

◆ 色彩轻重感

色彩的轻重感是由不同的色彩刺激，而使人感觉事物或轻或重的一种心理感受。

决定轻重感的首要因素是明度，明度越低重量感越重，明度越高重量感越轻。明亮的色彩如黄色、淡蓝等给人以轻快的感觉，而黑色、深蓝色等明度低的色彩使人感到沉重。其次是纯度，在同明度、同色相条件下，纯度高的感觉轻，纯度低的感觉重。

所有色彩中，白色给人的感觉最轻，黑色给人的感觉最重。从色相方面来说，暖黄、橙、红给人的感觉轻，冷蓝、蓝绿、蓝紫给人的感觉重。

◇ 层高过高的空间顶面可采用较墙面更浓重的颜色降低视觉重心

◇ 白色的物体给人的感觉轻，黑色的物体给人的感觉重

◇ 在相同明度的情况下，暖色系的黄色比冷色系的绿色感觉要轻

◇ 层高较低的空间顶面可采用白色让视觉感更加开阔

◆ 色彩进退感

同一背景、面积相同的物体，由于其色彩的不同，有的给人突出向前的感觉，有的则给人后退深远的感觉。

色彩的进退感多是由色相和明度决定的，活跃的色彩有前进感，如暖色系色彩和高明度色彩就比冷色系和低明度色彩显得靠前；冷色、低明度色彩有后退感。色彩的前进感与后退感还与背景密切相关，面积对比也很重要。

在室内装饰中，利用色彩的进退感可以从视觉上改善房间户型缺陷。如果空间空旷，可采用有前进感的颜色处理墙面；如果空间狭窄，可采用有后退感的颜色处理墙面。例如，把过道尽头的墙面刷成红色或黄色，墙面就会有前进感的效果，令过道看起来没有那么狭长。

◇ 狭窄的过道墙面运用冷色后在视觉上有后退感，会显得更加开阔

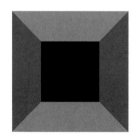

◇ 同样大小的方形，黄色的方形给人一种向前突出的感觉，蓝色的方形看起来是向后退的感觉

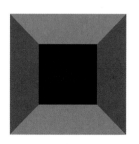

◇ 前进感或后退感尤其和亮度有关，可以看出相同的色相，亮度越高越具有前进感

◇ 过道端景墙刷成红色或黄色，墙面在视觉上会有前进的感觉

◆ 色彩缩扩感

物体视觉上的大小，不仅与其颜色的色相有关，明度也是一个重要因素。暖色系中明度高的颜色为膨胀色，可以使物体看起来比实际大，同时也会给人感觉离得近；而冷色系中明度较低的颜色为收缩色，可以使物体看起来比实际小，同时给人以后退的感觉。像藏青色这种明度低的颜色就是收缩色，因此藏青色的物体看起来就比实际小一些。

在室内装饰中，只要利用好色彩的缩扩感，就可以使房间显得宽敞明亮。比如，粉红色等暖色的沙发看起来很占空间，使房间显得狭窄、有压迫感。而黑色的沙发看上去要小一些，让人感觉剩余的空间较大。

◇ 冷色系中明度较低的藏青色沙发在视觉上具有一定的收缩感

◇ 相同形状和大小的图形，最左边的蓝色要比中间的黄色看起来小，最右边的黄色虽然和中间的同样是黄色，但是由于背景色明度高，所以看起来小

◇ 膨胀色的软装元素　　◇ 收缩色的软装元素

◇ 暖色系中明度较高的红色在视觉上具有膨胀感

03 色彩主次关系

色彩是极富情感的视觉因素，同时还具有塑造空间氛围和气质的作用。室内空间的色彩，既包括墙面、顶面、地面、门窗等界面的色彩，也包括家具、窗帘以及各种饰品的色彩。整体上可将其分为背景色、主体色、衬托色、强调色等四种。

由于每一处的色彩都具有各自的功能体现，因此以什么颜色作为背景色、主体色、衬托色和强调色，是设计室内色彩时首先应考虑的问题。同时，合理安排好四者的搭配关系，也是设计完美室内空间的基础之一。

◆ 背景色

背景色一般是指墙面、地面、吊顶、门窗等大面积的界面色彩。就软装设计而言，主要指墙纸、墙漆、地面色彩，有时可以是家具、布艺等一些大面积色彩。背景色由于其绝对的面积优势，支配着整个空间的装饰效果，而墙面因为处在视线的水平方向上，对效果的影响最大，往往是室内空间配色首先关注的地方。

不同的色彩在不同的空间背景下，因其位置、面积、比例的不同，对室内风格、人的心理知觉与情感反应也会有所不同。例如，在硬装上，墙纸、墙漆的色彩就是背景色；而在软装上，家具就从主体色变成了背景色，用来衬托陈列在家具上的饰品，形成局部环境色。

◇ 相对于陈列在柜子上的饰品而言，柜子从主体色变成了背景色

◇ 自然、田园气息的居室，背景色可选择柔和的浊色调

◇ 华丽、跃动的居室氛围，背景色应选择高纯度的色彩

◆ 主体色

主体色是主要由大型家具或一些大型的室内陈设、装饰织物所形成的色彩搭配。主体色一般为室内配色的中心色，因此在搭配其他颜色时，通常以围绕主体色为主。卧室中的床品、客厅中的沙发以及餐厅中的餐桌等，都属于其对应空间内的主体色。

主体色的选择通常有两种方式，如果要在空间中产生鲜明、生动的视觉效果，可选择与背景色呈对比效果的色彩；如果要营造整体协调、稳重的感觉，则可以选择与背景色相接近的颜色。

◇ 主体色与背景色呈对比关系，整体显得富有活力

◇ 客厅中的沙发和卧室中的睡床就是其对应空间里的主体色

◇ 作为主体色的三人沙发就是客厅空间中的视觉焦点

◇ 主体色与背景色相协调，整体显得优雅大方

◆ 衬托色

衬托色在视觉上的重要性和体积感次于主体色，分布于小沙发、椅子、茶几、边几、床头柜等小家具，布置在主要家具附近。

衬托色与主体色保持一定的色彩差异，可以营造出空间的动感和活力。但需要注意，衬托色的面积不能过大，否则就会喧宾夺主。衬托色也可以选择主体色的同一色系和相邻色系，这种配色更加雅致。如果为了避免单调，可以通过提高衬托色的纯度形成层次感，由于与主体色的色相相近，整体仍然非常协调。

◇ 作为衬托色的软装元素

鸿艺源设计

◇ 作为衬托色的床头柜和作为主体色的睡床形成色彩差异，制造出活力与动感

◇ 衬托色与主体色为同一色系，通过纯度差异形成层次感

◆ 点缀色

点缀色是指室内易于变化的小面积色彩，比如靠垫、灯具、织物、植物花卉、饰品摆设等。点缀色一般会选用高纯度的对比色，其以强烈的色彩表现，打破室内单调的视觉效果。点缀色虽然使用的面积不大，但却是空间里最具表现力的装饰焦点之一。

点缀色具有醒目、跳跃的特点，在实际运用中，点缀色的位置要恰当，避免成为画蛇添足之作；在使用面积上要恰到好处，如果面积太大就会将统一的色调破坏，面积太小则容易被周围的色彩同化而不能起到作用。

◇ 装饰画作为点缀色

◇ 小面积和高纯度是点缀色的两个特点

◇ 抱枕作为点缀色

◇ 花器作为点缀色

04 色彩印象解读

在室内设计中运用色彩时，颜色有哪些特征，可以带给人们哪些感觉，都需要提前把握好。并且，根据所使用的颜色，对其应用要点也需要事先了解。

色彩名称		色彩特征	应用要点
灰色		无固有的感情色彩。无论哪个色相，纯度最低时都为灰色，因此可与所有的色彩调和	灰色有冰冷的冷灰色和带米色的暖灰色，室内设计一般使用暖灰色系
白色		无论与何种颜色组合都有凸显对方的功效。把白色作为背景，家具和摆放物看上去会更生动、鲜明	冷白色、有光泽的白色不适合大面积的房间。冷蓝色、深蓝色的窗帘可让白色墙面显得更白，但容易给人冰冷的感觉
米色		能够与任何色调搭配，常被大面积使用在地面、墙面或顶面，未经涂装的木材都是此颜色	与其他明度不同的无彩色组合使用很有效。可以装饰橙色、黄色、柠檬色、紫色和蓝色等
棕色		秋天的颜色，象征稳重、文静，与米色、亮灰组合，可以形成稳重成熟的室内设计风格	与冷色搭配比较困难，因此可与亮色组合，与暗色、浓色的组合要注意色调和纯度的对比
粉色		粉色给人以可爱、浪漫、温馨、娇嫩的联想，而且通常也是浪漫主义和女性气质的代名词	避免大面积地使用，明度对比强的颜色会使空间显得没有品位，应尽量避免使用，可以用粉彩色来调和
红色		红色象征强烈、外露,饱含着力量和冲动,其中内涵是积极向上的，为活泼好动的人所喜爱	注意使用的量，大面积使用时需降低纯度，不宜使用生动、强烈的红色

色彩名称		色彩特征	应用要点
黄色		黄色给人轻快、充满希望和活力的感觉，中国人对黄色特别偏爱，这是因为黄色与金黄同色，被视为丰收、高贵的象征	在家居设计中，一般不适合用纯度很高的黄色作为主色调，因为它太过明亮，容易刺激眼睛，使用时应降低纯度
橙色		橙色象征活力、精神饱满和交谊性，是所有颜色中最为明亮和鲜亮的，给人以年轻活泼和健康的感觉，是一种极佳的点缀色	把橙色用在卧室不容易使人安静下来，不利于睡眠，但将橙色用在客厅会营造欢乐的气氛，同时橙色也是装点餐厅的理想色彩
绿色		绿色被认为是大自然的色彩，象征着生机盎然、清新宁静与自由和平，因为给人的感觉偏冷，所以一般不适合在家居中大量使用	与粉色、红色、蓝色进行搭配比较好，在厨房中大量使用会影响到饰品的颜色，需要注意
蓝色		蓝色使人自然地联想到宽广、清澄的天空和深沉的海洋，也会使人产生一种爽朗、开阔、清凉的感觉	宁静的蓝色调能使烦躁的心情镇静下来，在厨房、书房或卧室中都可用蓝色装饰，不过需要加些与之对比的暖色进行点缀
紫色		与蓝色具有相同效果的颜色，也是成熟的颜色，给人高贵神秘且略带忧郁的感觉。在西方，紫色是贵族经常选用的颜色	大面积的紫色会使空间整体色调变深，从而产生压抑感，可以在居室的局部将其作为装饰亮点
黑色		黑色最能显示现代风格的简单，这种特质源于黑色本质的单纯。作为最纯粹的色彩之一，它所具备的强烈的抽象表现力超越了任何色彩所能体现的深度	软装设计中一般不能大面积使用黑色，只能作为局部点缀使用，例如一把黑色的椅子或花瓶
金色		金色是一种材质色，也是一种最辉煌的光泽色，更是大自然中至高无上的纯色，具有极醒目的作用和炫丽感	金色需要与深色相搭配才比较协调，用金色搭配灰色最安全，同时也显得典雅

　　无论根据怎样的喜好、理念、氛围将各种色彩组合在一起，和谐始终是关键。精装房软装设计中常用的色彩搭配方式有单色配色、跳色配色、邻近色配色、对比色配色、互补色配色等。这些配色方式是前人不断实践而总结得出的，符合大多数人的色彩心理需求。

◆　单色配色

　　单色搭配是指不同纯度和明度的同一色彩组合，例如墨绿配浅绿、深红配浅红等，这些色彩搭配极有顺序感和韵律感。在室内装饰中，运用单色做搭配是较为常见、最为简便并易于掌握的配色方法。

　　单色搭配时，色彩之间的明度差异要适当，相差太小，太接近的色调容易相互混淆，缺乏层次感；相差太大，对比太强烈的色调会造成整体的不协调。

◇　单色配色方案应用简便，给人优雅舒适的感觉

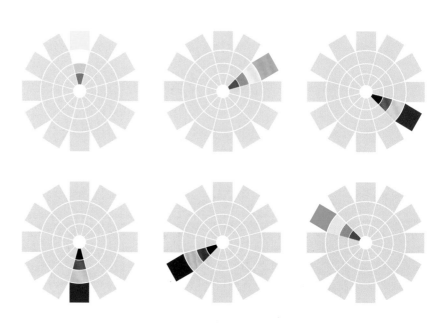

◆ 跳色配色

跳色搭配是指在色轮中相隔一个颜色的两个颜色组成的配色方案。相比单色配色方案，跳色更显活泼。

跳色配色方案比单色有更多的可变化性，在色彩的冷暖上也可以营造更丰富的效果。如果想营造一个色彩简单但又活泼的空间，跳色方案是一个很好的选择。比如黄色和绿色搭配就十分和谐，因为绿色本身就含有黄色。又比如蓝紫色和红紫色，两者共享紫色。

◇ 黄色与绿色的跳色搭配，表现出活跃的氛围

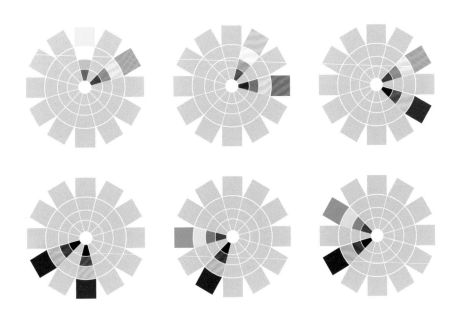

◆ 邻近色配色

邻近色是指色相环中由三个并肩相连的色彩构建而成的色彩。如黄色、黄绿色和绿色，虽然它们在色相上有很大差别，但在视觉上却比较接近。搭配时通常以一种颜色为主，另一种颜色为辅。

如果想要实现色彩丰富但又要追求色彩整体感时，邻近色配色方案是一个好选择。搭配时一方面要把握好两种色彩的和谐，另一方面又要使两种颜色在纯度和明度上要有区别，使之互相融合，取得相得益彰的效果。

◇ 邻近色配色方案让空间呈现出多元层次与协调的视觉观感

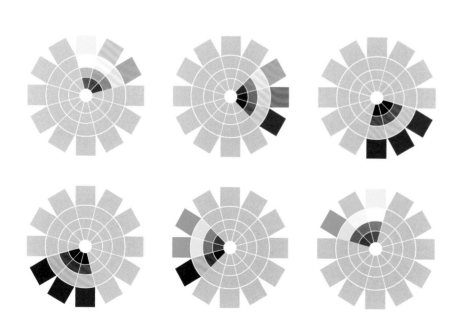

◆ 对比色配色

对比色是两种可以明显区分的色彩，在 24 色相环上相距 120°到 180°之间。三个基础色互为对比色，如红与蓝、红与黄、蓝与黄；三个二次色互为对比色，如紫色与橙色、橙色与绿色、绿色与紫色。

对比色配色的实质就是冷色与暖色的对比，在同一空间，对比色能制造出富有视觉冲击力的效果，使房间个性更突出，但不宜大面积同时使用。

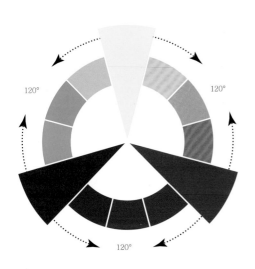

◇ 蓝色与红色的对比搭配

◇ 蓝色与黄色的对比搭配

◇ 红色与黄色的对比搭配

◆ 互补色配色

互补色是指处于色相环直径的两端的一组颜色组成的配色方案，例如红和绿、蓝和橙、黄和紫等。互补色比对比色的视觉效果更加强烈和刺激，容易形成色彩张力，可吸引人的注意力。

互补色的运用需要较高的配色技能，一般可通过面积大小、纯度、明亮的调和来达到和谐的效果，使其表现出特殊的视觉对比和平衡效果。不过在这种配色方案中要适当调整其中一个色彩的明度和纯度，以免造成色彩比例相等从而相争的关系。

◇ 互补色搭配方案一般可通过面积大小、纯度、明亮的调和来达到和谐的效果

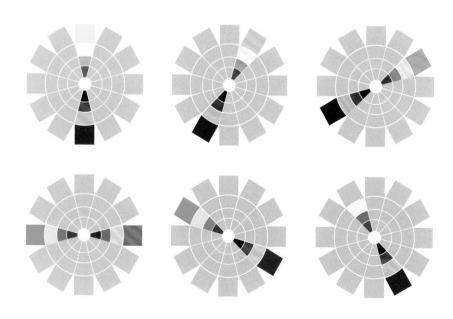

◆ 中性色配色

黑色、白色及由黑白色调和的各种深浅不同的灰色系列，称为中性色。中性色是介于三大色——红、黄、蓝之间的颜色，不属于冷色调，也不属于暖色调，主要用于调和色彩搭配，突出其他颜色。中性色搭配融合了众多色彩，从乳白色和白色这种浅色中性色，到巧克力色和炭色等深色色调。其中黑、白、灰是常用到的三大中性色，能与任何色彩配合，起到和谐、缓解的作用。

中性色是多种色彩的组合而非使用一种中性色，并且需要通过深浅色的对比营造出空间的层次感。在中性色空间的软装搭配中，应巧妙地利用布艺织物的纹理与图案创造出设计的丰富性。在用中性色为主色的基础上，增添一些带彩色的中性色可以让整个配色方案更显出彩。

◇ 中性色配色方案中，需要增加色彩之间的深浅变化，以打破整体的乏味感

◇ 现代轻奢风格的餐厅使用中性色搭配，给人和谐感和高级感

◇ 利用床品布艺的纹样，使得中性色空间更富趣味性

室内风格配色方案

FURNISHING

DESIGN

01 北欧风格配色方案

北欧地处北极圈附近，不仅气候寒冷，有些地方甚至还会出现长达半年之久的极夜。因此，北欧风格经常会在家居空间中使用大面积的纯色，以提升家居环境的亮度。在色相的选择上偏向如白色、米色、浅木色等淡色基调，给人以干净明朗的感觉。北欧风格的墙面一般以白色、浅灰色为主，地面常选用深灰、浅色的地板为搭配。

◇ 使用大面积的纯色，提升家居环境的亮度

此外，一些高饱和度的纯色，如黑色、柠檬黄、薄荷绿等则可用来作为北欧家居中的点缀色，营造出让人眼前一亮的感觉。北欧风格本身没有标志性的装饰图案，其典型图案均为经过艺术化的装饰花卉和彩色的条纹。

◇ 白色、米色、浅木色等淡色基调是北欧家居的常见色彩

◇ 薄荷绿墙面配以原木色餐桌，给人森林般的清新自然感

深灰 + 浅绿 + 淡蓝色 + 草木黄色

　　白色是北欧风格中最受欢迎的颜色，图中的白色背景采用不同材质来表现。白砖墙与白色原木增加了白色背景的质感，使得空间不显单调，在主体色上浅木色与深灰色令北欧色调得到平衡，点缀色使用偏多，但凸显出生活的多彩，不失趣味性。

白色 + 浅原木色 + 玄黑 + 灰色

　　白色墙面弱化了房屋结构的不规则感，为主体色突出的形体提供了足够的留白；黑色主体色与原木色的组合在白色背景下，形成强烈的视觉冲击力。设计师采用了灰色的点缀色来调节空间的色彩明度。

浅青色 + 烟灰色 + 松石绿 + 香槟黄

　　北欧风格的用色往往偏灰调一些，图中采用浅青色作为背景色，轻描淡写间点亮了空间的艺术性。白色与烟灰色家具作为主体色，辅以材质对比，形成舒适的观感，松石绿与香槟黄的软装点缀，与背景色形成中调对比，层次丰富而又不失平衡感。

02 轻奢风格配色方案

　　轻奢风格的色彩搭配给人的感觉充满了品质感。中性色搭配方案具有时尚、简洁的特点，因此较为广泛地应用于轻奢风格的家居空间中。选用如驼色、象牙白、金属色、高级灰等带有高级感的中性色，能令轻奢风格的空间质感更为饱满。

　　轻奢风格的室内空间常常会大量地使用金属色，以营造奢华感。金属色是极容易被辨识的颜色，非常具有张力，便于打造出高级质感，无论是接近于背景还是跳出于背景都不会被淹没。高级灰是介于黑和白之间的一系列颜色，比白色深些，比黑色浅些，大致可分为深灰色和浅灰色。不同层次不同色温的灰色，能让轻奢风格的空间显得低调、内敛并富有品质感，同时让空间层次感更加丰富。

◇ 灰色墙面作为背景更能凸显软装饰品的精致感

◇ 金属色的应用是轻奢风格空间的主要特征之一

◇ 象牙白运用在卧室床头背景上显得细腻温润

杏仁色 + 灰色 + 森林绿 + 金色

背景墙面和家具的颜色基本一致，但有细微的冷暖变化。窗帘的用色与单人沙发的一致。森林绿颜色深、饱和度最高，贵妃榻、抱枕和装饰画都是森林绿色，在空间中有呼应，由于面积不大，因此没有影响空间的明亮感。森林绿和金色的搭配有复古感，是轻奢风格中好看的色彩搭配组合。

褐色 + 中灰色 + 黑色 + 古金色

深褐色的墙面和中灰色的地面颜色偏深，都属于具有稳定感的色彩。主体家具的色彩与空间中的背景色融合统一。通过顶面、窗帘和沙发、餐椅的浅色，拉开色彩搭配的层次，同时也增加了空间的明亮感。

暖灰色 + 藕褐色 + 咖啡色 + 橙色

整个空间色调统一，在红、橙色系里，通过色彩不同的明度和饱和度，打造空间的层次和质感。用色稳定平衡，主体家具颜色浅，背景墙面颜色深，床毯的颜色与床头柜相呼应，灰色系窗帘与背景色几乎一致。搭配橙色作为点缀色，让用色本就精致的空间，焕发出阳光般的活力。

03 简约风格配色方案

黑、白、灰色调在现代简约设计风格中常被作为主要色调运用。以黑、白、灰为主色调的空间可以选择适量红、黄等高纯度的跳跃色用于点缀，通过花艺、工艺饰品、绿色植物等配饰颜色来搭配。这些颜色大胆而灵活，不单是对简约风格的遵循，也是个性的展示。但在搭配时一定要注意搭配比例，亮色只是作为点缀来提亮整个居室空间，不宜过多或过于张扬，否则将会适得其反。

除了黑色和白色在简约风格中运用得比较多以外，原木色、黄色、绿色、灰色都可以运用在简约风格装饰中。白色和原木色的搭配在简约风中可谓是天作之合，木色是天然的色彩，与白色不会有任何冲突。以色彩的高度凝练和造型的极度简洁，用最简单的配色描绘出丰富动人的空间效果，这就是简约风格色彩搭配的最高境界。

◇ 大面积的高级灰平静柔和，在削弱色彩对人情绪影响的同时会让人感觉更理性，更矜持

◇ 在简约风格空间中，黑、白色一直是最经典的配色组合之一

◇ 中性色自身含蓄的特点容易表现出安静优雅的空间气质，并且可用于调和色彩，突出其他颜色的特征

暗橄榄绿 + 砖红色 + 薰衣草紫 + 白色

橄榄绿和砖红色实际为互补色，将它们以适当比例调和会出现一种蓝紫色。同时降低它们的明度，又分别以不同材质体现，配合背景墙面调和会出现轻柔的薰衣草紫色，使这三种色彩稳定而中立。在橄榄绿墙上悬挂一品红为基调的挂画，在砖红色的墙边摆上水蓝色的REPOS 沙发椅，用白色 U 形沙发将一切串联起来，空间稳定而和谐。

银灰蓝 + 银白色 + 原木色 + 樱桃红

浪漫的银灰蓝和银白色的基调，配以温暖的木质材料。如果房屋主人爱好搭配，那么浅色的基调提供了一个可以随意搭配的空间，调整配饰，点缀流行色也会更加容易。樱桃红色的沙发显得年轻而富有生命力，让使用者感受到空间的热情和力量。

白色 + 胡桃木色 + 烟灰蓝 + 银色 + 奶油白

白色的电视背景墙用暖黄色灯带搭配，在加强结构的同时也弱化了灰色水泥质感给人的冰冷感。胡桃木色配以烟灰蓝，使空间呈现出迷离的温暖气息，餐桌边用大块的银镜增强结构感，也在视错觉上延伸了空间的边界，为小户型的不二选择。

04 工业风格配色方案

工业风格常给人冷峻、硬朗而又充满个性的印象，因此其室内一般不会选择使用色彩感过于强烈的颜色，而是选择中性色或冷色调为主色调，如原木色、灰色、棕色等。

其中，黑、白、灰是最能展现工业风格的色调。作为无色系的色彩，其所营造出的冷静、理性质感，就是工业风格的特质，而且可以较大面积地使用。黑色的冷酷和神秘，白色的优雅和轻盈，两者混搭交错又可以创造出更多层次的变化。此外，黑、白、灰更容易搭配其他色系，例如深蓝、棕色等沉稳中性色，也可以是橘红、明黄等清新暖色系。如此的色彩搭配，不失工业风格本该有的冷艳，又充满了生气。

另外，裸露的红砖也是工业风常见元素之一，如果担心空间显得过于冰冷，可以考虑将红砖墙列为色彩设计的一部分。

◇ 柠檬黄的适当点缀可成为空间中引人注目的小亮点

◇ 水泥和原木色的搭配使用在工业风格中营造出一种神秘的绅士气质

◇ 黑、白、灰色调的工业风格空间适合与棕色、深蓝色等沉稳的中性色搭配

◇ 裸露的红砖墙也是工业风格空间色彩的一部分

砖红色 + 祖母绿 + 橙色 + 卡其色 + 蓝色

　　砖块和铁管作为工业风格中不可或缺的装饰元素，在运用中往往会保留这两种材质的原始肌理与质感。艺术化处理后的野生动物的摄影作品、兽首标本，使空间充满了人情味。云雾一般缥缈的大型吊灯反射出柔和的光泽，玻璃元素的应用，将各种元素肌理通过一颗颗琐碎的水晶灯珠串联与重组，在形式上就更显柔和与有机。

白色 + 复古灰 + 原木棕 + 红色 + 绿色

　　白色背景色与白色主体色的组合使得软装没有太突兀，很好地协调了整体色调，用复古灰花砖营造了大环境的符号风格，原木棕则与白色主体部分相配合，打造出复古的视觉感受。红色与绿色的点缀，巧用补色对比，加强了空间层次。

白色 + 海军蓝色 + 浅木纹色 + 瓷绿色 + 黑色

　　白色与浅木纹色的组合非常适合打造清新的工业风格基调，海军蓝属于复古色调中非常有标志性的颜色，作为主体色十分出挑，以黑色金属搭配瓷绿作为点缀，使得空间层次丰富，引人注目。

05 美式风格配色方案

美式风格的色彩搭配具有典雅大方、自然舒适的特点。在美式风格中，很难看到透明度比较高的色彩，因此不管是浅色还是深色，都不会给人造成视觉上的冲击感。并且空间对色彩的包容度非常高，没有特别大的局限性，可简约、可复古、可浮华繁复、也可冷峻刚硬。亮黄色、深红色、深绿色、深棕色、暗红色等都是美式风格中常运用到的色彩。美式风格的空间虽然色彩十分丰富，但由于在搭配时有主有次、不喧宾夺主，因此丝毫不会显得凌乱。

在美式风格家居中，沉稳的大地色系聚集在整个空间的下层部位，经常运用在地板及家具上，墙上及吊顶的颜色则更多地采用浅一点的米色、浅咖色等，上浅下深的配色形式能让空间显得更加平稳。此外，由于美式风格夹杂着世界各地的装饰元素，因此空间色彩也蕴含着各个民族的特色，但总体上追求一种自由随意、简洁怀旧的感觉。

◇ 取自泥土、树木等自然素材的色彩给人温和朴素的感觉

◇ 绿色与深棕色的组合强调温馨舒适感

◇ 浅卡色的背景墙面、纯色的大理石壁炉，配上咖色包纽三人位沙发，显得丰富而典雅

咖啡色 + 橙赭色 + 柠檬黄

　　美式乡村风格色系中，常用大地色系表达自然的生命力感受。这是一个富有生活气息的餐厅空间，背景色都是大地色系中的咖啡色，给人质朴温暖的感觉；餐椅选用橙赭色，是比咖啡色饱和度高的大地色系；刚摘下来的柠檬放在餐桌上，饱和度最高，点缀空间刚刚好。空间在同色系中，运用不同的明度和饱和度打造，色调统一，材质考究复古，餐桌上未看完的书给人以联想，仿佛能看见人们围坐在餐桌旁欢乐嬉笑。

米色 + 原木色 + 深棕色 + 岩石灰 + 太妃红

　　米色与原木色最适宜体现美式乡村风格的粗犷与休闲，是背景色的最佳选择。厚重的深棕色皮质家具与太妃红色的布艺绒面家具彼此形成肌理对比，也加强了与背景色之间的节奏关系。点缀色采用了岩石灰，调和了主色调偏暖的问题，也加强了美式乡村风格的倾向。

米色 + 深棕色 + 暖灰色 + 柏灰蓝

　　米色与深棕色的墙地关系，适合体现稳重温馨的美式风格环境，深棕色皮革与实木家具的出现，更将这份稳定体现得立体明确。暖灰色主体色以主体家具的形式呈现，带给人一份沉着与柔软感，最为出挑的则是柏灰色毛毯的点缀，为空间注入了一份阳刚之美。

06 法式风格配色方案

对于法式风格来说，金色的应用由来已久。比如在法式巴洛克风格中，除了各种手绘雕花的图案，还常常在雕花上加以描金，在家具的表面上贴金箔，在家具腿部描上金色细线，力求让整个空间金光闪耀、璀璨动人。

白色纯洁、柔和而又高雅，往往在法式风格的室内环境中作为背景色使用。纯白由于太纯粹而显得冷峻，法式风格中的白色通常只是接近白的颜色，既有白色的纯净，也有容易亲近的柔和感，例如象牙白、乳白等。

蓝色是法国国旗色之一，也是法式风格的象征色。法式风格中常用带有点灰色的蓝，总能让空间散发优雅时尚的气息，为彰显其色彩特性，可使用相近色做搭配，透过深浅渐层堆叠出视觉焦点，让这股优雅时尚持续下去。

◇ 蓝色是法式风格的象征色之一，搭配金色以及雕花墙面更能体现高贵的气质

◇ 白色造型线条搭配荷茎绿窗帘，金色的雕刻件，强调空间古典之美

◇ 高雅的白色往往在法式风格的室内环境中作为背景色使用

小麦色 + 杏仁白色 + 原木棕色 + 海贝色

　　本案采用的相近色高级灰配色几乎就是莫兰迪色调的诠释，小麦色与原木棕的背景色处理得仿佛静物油画，杏仁白与海贝色的组合，加上桃色木家具的雕刻，呈现出温润柔和的视觉感受，最后用金色稍加点缀，一幅欧式古典风格的静物画油然而生，艺术气质十足。

白色 + 亮金色 + 嫩草绿 + 蝶粉 + 朱红

　　本案采用白色与亮金色的组合来呈现墙面、地面、顶面的装饰语言，并通过对比弱化了白色雕刻部分的繁杂，形成典型的华丽的法式语言。主体色方面，嫩草绿与蝶粉在饱和度上十分接近，明度上有所差异，组合在一起则形成了年代感极强的法式风情，通过朱红色的点缀，加强了这样一种复古的法式情怀。

云灰色 + 金色 + 原木棕色 + 深棕色

　　合理搭配云灰色混油木作，能很好地体现欧式的美学逻辑。色彩组合上，云灰色渗透至顶面，与墙面的米白色之间形成相对平衡的配比，深棕色与原木棕的家具和地板共同促成了主体的稳定，金色的点缀主要用于雕刻构件与吊灯，进一步提亮了空间，也强调了欧式美学逻辑的精致。

07 地中海风格配色方案

地中海风格的最大魅力来自其高饱和度的自然色彩组合，由于地中海地区国家众多，所以室内装饰的配色往往呈现出多种特色。

西班牙、希腊以蓝色和白色为主，这也是地中海风格最典型的色彩搭配方案，两种颜色都透着清新自然的浪漫气息；意大利地中海风格以金黄向日葵花色为主；法国地中海风格以薰衣草的蓝紫色为主；北非地中海风格以沙漠及岩石的红褐、土黄等大地色为主。无论地中海风格的配色形式如何变幻纷呈，但其所呈现出来的色彩魅力是不会变的。

◇ 北非地中海风格最常用接近自然的大地色，显得温暖与质朴

◇ 蓝色与白色的搭配是希腊地中海风格最典型的色彩搭配组合

◇ 把经典的蓝白色通过不同的纹样呈现在室内的布艺上，形成变化丰富但又协调的视觉感

◇ 大面积白色衬托出质感粗犷的深色石材壁炉，再通过红白格纹和蓝白条纹的布艺增加了活力感

白色 + 原木棕 + 黑色 + 鸠灰

白色与原木棕的组合用以搭配地中海风格的背景色，相对而言比较平稳，适合较为年长的使用者。在主体色方面，黑色与卡其灰的组合能够体现足够明确的对比关系，适合用来表现有几何造型的家具，最后呼应地中海风格的鸠灰色点缀也用非常低的饱和度融入空间之中，呈现出非常温和的视觉感受。

米灰色 + 奶茶色 + 褐色 + 深牛仔蓝

大地色系运用在空间中属于最稳定的色调，在同色系中找变化，从墙面到地面再到空间的主体家具，用色从浅到深富有层次，运用材质的肌理变化丰富了整个空间。带有野性趣味的深牛仔蓝点缀在空间中，为空间增添了活力。

米白色 + 薄荷奶油色 + 浅粉蓝色 + 原木棕色

本案的背景色调非常有特点，采用米白色与薄荷奶油色的组合，呈现出非常平和清新的地中海韵味，在主体色的选择上，浅粉蓝与原木棕这两个非常具有地中海地区色调特征的颜色作为家具的基调，通过不同的肌理对比，丰富了空间的主体层次，金色的点缀提亮空间明度，也形成了补色对比。

08 新中式风格配色方案

新中式风格不是对传统家居风格的简单复制，而是用现代的审美和表现手法，继承并发扬传统文化的精髓，是传统元素与现代手法的完美结合。新中式风格的色彩定位早已不仅仅是原木色、红色、黑色等传统中式风格的家居色调，其用色的范围非常广泛，不仅有浓艳的红色、绿色，还有水墨画般的淡色，甚至还有浓淡之间的中间色，恰到好处地起到调和的作用。

新中式风格的色彩趋向于两个方向发展：一种类型是富有中国画意境且色彩淡雅清新的高雅色系，以无色彩和自然色为主，能够体现出居住者含蓄沉稳的性格特点；另一种类型是富有民俗气息、色彩鲜艳的高调色系，这种类型通常以红、黄、绿、蓝等纯色调为主，映衬出居住者外向开朗的个性。

此外，在新中式风格的室内空间中，可以适当地搭配一些具有轻奢气质的色彩。比如一些恰到好处的中性色及金属色系，不仅能为室内环境带来轻奢大方

的装饰效果，而且犹如一件经典的艺术品般历久弥新，体现了新中式风格时尚高雅的设计风范。

◇ 运用黑色在新中式空间中寥寥几笔，就勾勒出了如同水墨画一般的画面

◇ 静谧而优雅的朱砂红，能够令人凝神静气，从容心安

◇ 木棕纹的装饰柜结合灯光的变化，给人一种内敛谦卑的感觉

白色 + 亮面黑 + 香槟金 + 柿子红

亮白色以光洁无瑕为美，尤其适合在高端住宅中使用，能带来通透明快的观感，十分讨喜，并且有很好的提亮作用。家具采用黑色烤漆面，与背景色形成很强的明暗对比，可突出家具的造型感，香槟金的装饰线条刻画出空间轮廓与风格元素，并施以柿子红的软装点缀，使得空间温馨典雅。

天筑设计

米白色 + 暖灰色 + 灰褐色 + 金色

当暖灰色大面积运用在墙面、床品上时，空间有一种温润的、仿佛停止流动的、静止的美感。墙面和地面的色彩保持了上轻下重的平衡感。床的面料和羊毛搭毯与地面色彩一致，边柜与墙面色彩一致。床面及床尾凳的白色，让空间显得清爽通透。花艺及装饰画的颜色，在空间中若有似无地呈现，丝毫不影响整体空间的安宁感。

白色 + 驼色 + 深褐色 + 金色

驼色的运用，容易让人联想到自然界中的色彩，苍茫的大漠、芬芳的泥土。顶面和地面的色彩均比墙面的颜色浅，这是一种不同于常规的配色手法。在这样的背景色用色关系中，主体家具选用了深褐色，且居中摆放，在空间中颜色最深的深褐色，给空间带来稳定感。长凳的面料是和背景色一致的驼色，深浅搭配，让空间的色彩搭配显得完整并富有层次。

09 东南亚风格配色方案

东南亚风格通常有两种配色方式：一种是将各种家具包括饰品的颜色控制在棕色系或者咖啡色系范围内，再用白色或米黄色全面调和，这是一种比较中性化的色彩搭配手法；另一种是采用艳丽的颜色做背景或主角色，例如青翠的绿色、鲜艳的橘色、明亮的黄色、低调的紫色等，再搭配艳丽色泽的布艺、黄铜或青铜类的饰品以及藤、木等材料的家具，让其空间显得娇艳而又热烈。

由于东南亚风格崇尚自然，因此十分偏爱使用源于自然的原木色，并且大多为褐色等深色系。但是大面积运用原木色容易显得老气，可适当点缀亮色来避免单调沉闷。此外，如果在前期的装修中已在墙面、地面用上了红色、藕紫色、墨绿色等华彩的基调，那么在搭配家具时，使用纯黑的藤色，如类似黑胡桃木的藤质家具是不错的选择。

◇ 采用高纯度色彩作为空间的主体色，再搭配艳丽色彩的窗帘，让其空间显得娇艳而又热烈

◇ 米色墙面的处理提供了明亮温和的空间基础，再通过抱枕和装饰画的色彩点缀其间

◇ 运用中性化的色彩搭配手法，把棕色作为空间主色，再用白色进行调和

■ ■ ■ ■

深棕色 + 枣红色 + 锡兰橙 + 淡茶色

同一种颜色不同明度的运用，在傍晚光线不足时显得较为灰暗模糊，本案采用将全部吊顶用暖光打亮的手法，使上部空间呈现出金黄色的暖意。在软装上，曲线柔美的米白色吊灯，床幔上的几何图案以及淡茶色的枕头和锡兰橙色的花瓶，使整个立体形式产生融和。

驼棕色 + 米白色 + 豆绿 + 柠檬黄

驼棕色接近柚木本色，最能体现东南亚风格的悠闲舒适，米白色能中和驼棕色的酱气，平衡空间感，深棕色与豆绿的融和，以图案的形式呈现宛如热带海风的清新气质，以柠檬黄点缀其间，加强亮部的细节，使得构图完整。

深棕色 + 钴蓝 + 森林绿 + 釉红 + 草黄

深棕色木格栅以大块面的方式镶嵌其中，加强了空间的立体感。点缀色方面本案用法比较高级，森林绿、釉红、草黄，暗合热带的繁花，以低饱和度高灰度方式呈现。钴蓝墙饰以集中原则出现在墙面，饱和度随之提高，表现出丰富的层次关系。

室内空间色彩应用

FURNISHING
DESIGN

Point

01 客厅色彩应用

　　客厅的空间一般比其他房间大，因此在色彩运用上也最为丰富。光线较暗的客厅不适合过于沉闷的色彩处理，除了局部的装饰，尽量不要使用黑、灰、深蓝、深棕等色调。无论是墙面还是地面，都应该以柔和明亮的浅色系为主，浅色材料具有反光感，能够调节居室暗沉的光线。建议使用白色、奶白色、浅米黄等颜色作为墙面的色调，而地面则建议使用原木色木地板或白色地砖。这样可以使得进入客厅的光线反复折射，从而起到增亮客厅的作用。对于小户型客厅来说，墙面的色彩选择最普遍的就是白色。白色的墙面可让人忽视空间存在的不规则感，在自然光的照射下折射出的光线也更显柔和，明亮但不刺眼。

◇ 具有膨胀感的白色是小户型客厅墙面最常用的选择

◇ 采光较暗的客厅整体布置应以柔和明亮的浅色系为主

◇ 运用明度较高的冷色系色彩作为墙面主色具有后退感

墙面与地面是客厅空间中面积最大的部分，这两部分的色彩设计往往决定了整个客厅配色的成功与否。

因为浅色的墙面在搭配上更容易，在视觉上也会给人以明亮的感觉。而深色的墙面在视觉上不仅会给人带来压抑的感觉，也会极大地影响房间的采光。因此，在客厅墙面颜色选择中，通常中性色是最常见的，如米白、奶白、浅紫灰等颜色。如果认为颜色的搭配过于单一，也可以选择三面白墙一面彩墙的设计。

常见的客厅地砖颜色大致有白色、米黄色、灰色、深色、咖啡色等。白色地砖简洁明朗，浑然一体，可给人以空间上的扩张感；米黄色地砖显得温暖；浅色或灰色地砖的冷色调更加突出了室内软装陈设的柔和感；深色地砖沉稳大气，适合面积大、采光好的客厅；咖啡色地砖适合营造舒适的家庭环境。

◇ 利用大幅装饰画的点缀，打破纯色墙面的单调感

◇ 深色调地板具有很强的感染力和表现力

◇ 中性色较为百搭，适合大多数的客厅墙面

◇ 白色地砖

◇ 米黄色地砖

◇ 灰色地砖

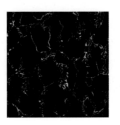

◇ 深色地砖

◇ 咖啡色地砖

02 卧室色彩应用

卧室空间的色彩应尽量以暖色调和中性色为主，过冷或反差过大的色调应尽量少使用。而且色彩数量不要太多，搭配 2~3 种颜色即可，多了会显得眼花缭乱，影响睡眠。

卧室的色彩不仅要看居住者的个人喜好，还要考虑到整体的装饰风格。通常墙面、地面、顶面、家具、窗帘、床品等是构成卧室色彩的几大组成部分。卧室的顶面宜搭配白色，显得明亮，而墙面的颜色选择要根据空间的大小而定，面积较大的卧室可选择多种颜色来诠释；小面积的卧室颜色最好以单色为主。卧室的地面一般采用深色，不要和家具的色彩太接近，否则影响立体感和明快的线条感。此外，卧室家具的颜色要考虑与墙面、地面等颜色的协调性，浅色家具能扩大空间感，使房间明亮爽洁；中等深色家具可使房间显得活泼明快。

◇ 和谐的色彩搭配有助于营造温馨舒适的睡眠环境

◇ 单色的小面积卧室空间在视觉上显得更加开阔

◇ 在考虑卧室的色彩搭配时，需要将窗帘、床品、地毯以及小饰品的色彩一并考虑在内，才能形成协调和谐的效果

03 儿童房色彩应用

色彩是孩童最早感受世界的途径之一。儿童房的居室氛围，需要通过强对比的色彩组合来实现，因此不论是墙面、地面，还是床品、灯饰等，颜色的纯度和明度往往较高。例如女孩房，硬装部分可以选择简单的白墙，而软装可以选用黄色、蓝色、粉色等颜色作为空间的主要色彩框架。最好选用鲜艳的互补色，比如黄色与蓝色。

儿童房的色彩应确定一个主调，这样可以降低色彩对视觉的压力。墙面的颜色最好不要超过两种，因为墙面颜色过多，会过度刺激儿童的视神经及脑神经，使孩子由兴奋变得躁动不安。体积较大的家具不宜用太过鲜艳的颜色，而应保持柔和的色调，如粉色、浅蓝色、淡黄色等，以减少过强的刺激。体积小的、易于拿取的物件应采用鲜艳的颜色。鲜艳的色彩有利于视觉的丰富、思维的活跃。冷暖色互补组合可给人深刻的印象，例如暖色系的房间里可适当点缀少许冷色调的饰物，可以满足儿童视神经发育的需要。

东方婵渶软装

◇ 粉色系的儿童房空间，满足女孩心中的公主梦

昊泽空间设计

◇ 虽然运用多色混搭，但同类色搭配的方式让儿童房空间显得十分和谐

尚舍设计

◇ 蓝白色系搭配的男孩房中穿插着红色、黄色等亮色的点缀

04 餐厅色彩应用

　　餐厅是进餐的专用场所，其空间一般会和客厅连在一起，在色彩搭配上要和客厅相协调。具体色彩可根据家庭成员的爱好而定。通常色彩的选择一般要从面积较大的部分开始，最好首先确定餐厅顶面、墙面、地面等硬装的色彩，然后再考虑选择合适色彩的餐桌椅与之搭配。颜色之间的相互呼应会使餐厅显得更加和谐，形成独特的风格和情调。

　　餐厅的颜色不宜过于繁杂，以两种到四种颜色为宜。因为颜色过多，会使人产生杂乱和烦躁感，影响食欲。在餐厅中应尽量使用邻近色，太过跳跃的色彩搭配会使人感觉不适。相反，邻近色则有种协调感，更容易让人接受。其中黄色、橙色等这些明度高且较为活泼的色彩，会给人带来甜蜜的温馨感，并且能够很好地刺激食欲。在局部的色彩选择上可以选择白色或淡黄色，可以给人明亮整洁的感觉。

◇ 小餐厅空间适合采用高明度的色彩搭配

◇ 餐厅中适当运用黄色可起到刺激食欲的效果

◇ 餐椅与墙面的邻近色搭配带来一种协调感，通过明度与纯度的对比呈现出层次感

05 书房色彩应用

书房是用于学习、思考的空间，因此在为其搭配色彩时，应避免强烈和刺激的颜色。书房适合搭配明亮的无彩色或灰色、棕色等中性颜色，当然选用白色来提高书房空间的亮度也是个不错的选择。书房内的家具颜色应该和整体环境相统一，通常应该选用冷色调，可以让人心平气和，集中精神。如果没有特殊需求，书房的装饰色彩尽量不要采用高明度的暖色调，因为在一个轻松的氛围中出现容易让人情绪兴奋的色彩，自然就会对人心情的平和与稳定造成影响，达不到良好的学习效果。

为避免书房色彩的呆板与单调，在大面积的以偏冷色调为主体的色彩运用中，可增加一些色彩鲜艳丰富的小摆件饰品或装饰画等作为点睛之笔，一起营造出一个既轻松又恬静的环境。

◇ 书柜中图书的色彩也成为空间装饰的一部分，并与书椅、地毯的色彩巧妙呼应，给书房增加生气与活力

◇ 增加一些鲜艳色彩作为点缀色，活跃书房空间的氛围

◇ 蓝色为主的书房空间具有让人迅速冷静的作用

◇ 书房宜用中性色，创造出让人静心学习与思考的轻松氛围

06 厨房色彩应用

面积较大的厨房空间可选用吸光性强的色彩，这类低明度的色彩给人以沉静之感，也较为耐脏。反之，空间狭小、采光不足的厨房，则适合搭配明度和纯度较高、反光性较强的色彩，因为这类色彩具有空间扩张感，能在视觉上可弥补空间小和采光不足的缺陷。此外，厨房是高温操作环境，墙面瓷砖的色彩应以浅色和冷色调为主，例如白色、浅绿色、浅灰色等。也可以将厨房墙砖的颜色和橱柜的颜色相匹配，这样的搭配会显得非常整洁大气。

选择厨房用品时，不宜使用反差过大、过多、过杂的色彩。有时也可将厨具的边缝配以其他颜色，如奶棕色、黄色或红色，目的在于调剂色彩，特别是在厨餐合一的厨房环境中，配以一些暖色调的颜色，与洁净的冷色相配，有利于促进食欲。

◇ 白色是厨房墙砖最常见的色彩之一

◇ 运用厨具用品作为点缀色可以改变厨房的氛围

◇ 采光不足的厨房适合搭配明度和纯度较高、反光性较强的色彩

07 卫浴间色彩应用

卫浴间的色彩是由诸如墙面、地面材料、灯光照明等融合而成，并且还要受到盥洗台、洁具、橱柜等物品色调的影响，这一切都要综合来考虑是否与整体色调相协调。

避免视觉的疲劳和空间的拥挤感，应选择以清洁感的冷色调为主要的卫浴间背景色，尽量避免一些缺乏透明度与纯净感的色彩。在配色时要强调统一性，过于鲜艳夺目的色彩不宜大面积使用，以减少色彩对人心理的冲击与压力。色彩的空间分布应该是下部重、上部轻，以增加空间的纵深感和稳定感。

白色干净而明亮，给人以舒适的感觉。对于一些空间不大的卫浴间来说，选择白色能够扩展人的视线，也能让整个环境看起来更加舒适，因此，白色往往是卫浴间的首选。但为了避免单调，可以在白色上点缀小块图案，起到装饰的效果。现在很多人选择用多种颜色的墙砖装饰卫浴间，但需把握好一定的搭配技巧，否则会弄巧成拙。

◇ 上轻下重的色彩分布可保持卫浴间的稳定感

◇ 空间不大的卫浴间适合选择白色，能够扩展人的视线

软装元素配色法则

FURNISHING

DESIGN

Point

01 家具配色

如果室内空间的硬装色彩已经确定，那么家具的颜色可以与墙和地面的颜色进行搭配。例如将房间中大件的家具颜色靠近墙面或者地面，这样就保证了整体空间的协调感。小件的家具可以采用与背景色对比的色彩，从而营造出一些变化。既可以增加整个空间的活力，又不会破坏色彩的整体感。

另一种方案是将主色调与次色调分离开来。主色调是指在房间中第一眼会注意到的颜色。大件家具按照主色调来选择，尽量避免家具颜色与主色调差异过大。在布艺部分，可以选择次色调的家具进行协调，这样显得空间更有层次感，主次分明。

还有一种方案是将房间中的家具分成两组，一组家具的色彩与地面靠近，另一组则与墙面靠近，这样

的配色很容易达到和谐的效果。如果感觉有些单调，那就通过一些花艺、抱枕、摆件、壁饰等软装元素的鲜艳色彩进行点缀。

◇ 将房间中的家具分成两组，一组家具的色彩与地面靠近，另一组则与墙面靠近

◇ 与墙面、窗帘等大面积色彩融为一体的家具保证了整体空间的协调感

◇ 利用小件家具与空间的主色调形成对比，增加活力感

02 灯具配色

　　色彩是灯具搭配过程中非常重要的一个因素。灯具的色彩通常是指灯具外观所呈现的色彩，一方面指陶瓷、金属、玻璃、纸质、水晶等材料的固有颜色和材质。另一方面灯罩也是灯饰能否成为视觉亮点的重要因素，例如，乳白色玻璃灯罩不但显得纯洁，而且反射出来的灯光也较柔和，有助于创造淡雅的环境气氛；色彩浓郁的透明玻璃灯罩，华丽大方，而且反射出来的灯光也显得绚丽多彩，有助于营造高贵、华丽的气氛。

◇ 彩色灯罩装饰性强，适合活跃空间氛围

◇ 乳白色玻璃灯罩适合创造淡雅的环境氛围

◇ 在同一个空间中搭配多种灯具，需要在色彩或材质上进行呼应

◇ 金属电镀色的灯罩具有轻奢气质的质感和光泽

当灯具比较单纯地作为一种装饰品的时候，色彩也会变得丰富起来，现在比较流行的概念灯具，也多以白色和钛银色为主。在现代灯具的设计中，用途越来越被细化，针对性越来越强，比如儿童房灯具的色彩就非常艳丽和丰富。如果是以金属材质为主的灯具，在造型上不论多么复杂，那么在配色上就一定会比较简单，这样才更能体现灯具的美感。

灯具的色彩搭配，不能仅仅依据个人的主观爱好来决定，还要与灯具本身的功能、使用范围和环境相协调。不同的灯具都有自身的特点和功效，但在色彩的搭配上总体应遵循简单、和谐、醒目的原则。如需在同一个空间里搭配多种灯具，应考虑风格统一的问题。即使想要做一些对比和变化，也要通过色彩或材质中的某个因素将两种灯饰和谐相融。

◇ 很多吊灯除了照明功能之外，也是一种装饰性很强的软装元素

◇ 利用高纯度色彩的灯具作为黑白灰空间的点缀色

◇ 在同一个空间中搭配多种灯具，需要在色彩或材质上进行呼应

03 窗帘配色

　　作为家中大面积色彩体现的窗帘，其颜色的体现要考虑到房间的大小、形状以及方位，必须与整体的装饰风格形成统一。

　　中性色调的室内空间中，为了使窗帘更具装饰效果，可采用强烈的色彩对比手法，改变房间的视觉效果。如果空间中已有色彩鲜明的装饰画或家具、饰品等，可以选择色彩素雅的窗帘。在所有的中性色系窗帘中，如果确实很难决定，那么灰色窗帘是一个不错的选择，比白色耐脏，比褐色更加明亮。

元禾大千设计

◇　选择比墙面颜色深一点的同色系颜色窗帘

◇　运用对比色的手法搭配窗帘，让空间的氛围更加活泼

◇　灰色窗帘是十分稳妥的选择，适合多种风格的空间

当地面同家具颜色对比度强的时候，可以地面颜色为中心选择窗帘；地面颜色同家具颜色对比度较弱时，可以家具颜色为中心选择窗帘。面积较小的房间就要选用不同于地面颜色的窗帘，否则会显得房间狭小。如果有些精装房中的地板颜色不够理想，建议选择和墙面相近的颜色，或者选择比墙面颜色深一点的同色系颜色。例如浅咖也是一种常见墙面颜色，那就可以选比浅咖深一点的浅褐色窗帘。

窗帘与抱枕相协调是最安全的选择，不一定要完全一致，只要颜色呼应即可。其他软装布艺也都可以，例如床品和窗帘颜色一样的话，卧室的配套感会特别强。越是像台灯这样小件的物品，越适合作为窗帘选色来源，不然会导致同一颜色在家里用得太多。

少数情况下，窗帘也可以和地毯色彩相呼应。但除非地毯本身也是中性色，可以按照地毯颜色做单色窗帘，否则就让窗帘带上点地毯颜色就可以，不建议两者共用一色。

◇ 以家具颜色为中心选择窗帘色彩

◇ 以沙发、抱枕的颜色作为窗帘的色彩来源

◇ 以地毯颜色作为窗帘的色彩来源

04 地毯配色

一般来说，只要是空间中已有的颜色，都可以作为地毯颜色，但还是应该尽量选择空间使用面积最大、最抢眼的颜色，这样搭配比较保险。地毯底色应与室内主色调相协调，家具、墙面的色彩最好与地毯的色彩相协调，不宜反差太大，要使人有舒适和谐的感觉。

软装搭配时可以将居室中的几种主要颜色作为地毯的色彩构成要素，这样选择起来既简单又准确。在保证色彩的统一之后，最后再确定图案和样式。

在光线较暗的空间里选用浅色的地毯能使环境变得明亮，例如纯白色的长绒地毯与同色的沙发、茶几、台灯搭配，就会呈现出一种干净纯粹的氛围。即使家具颜色比较丰富，也可以选择白色地毯来平衡色彩。在光线充足、环境色偏浅的空间里选择深色的地毯，能使轻盈的空间变得厚重。例如面积不大的房间经常会选择浅色地板，正好搭配颜色深一点的地毯，会让整体风格显得更加沉稳。

◇ 在黑白灰空间中，以地毯的色彩作为空间的视觉重心

◇ 光线充足、环境色偏浅的空间里适合选择深色的地毯

◇ 地毯与家具的色彩可在装饰画中找到共同点，整体十分协调

纯色地毯能带来一种素净淡雅的效果，通常适用于现代简约风格的空间。相对而言，卧室更适合纯色的地毯，因为睡眠需要相对安静的环境，凌乱或热烈色彩的地毯容易使心情激动振奋，从而影响睡眠质量。

如果是拼色地毯，主色调最好与某种大型家具相协调，或是与其色调相对应，比如红色和橘色，灰色和粉色等，和谐又不失雅致。

在沙发颜色较为素雅的时候，运用撞色搭配总会有让人惊艳的效果。例如黑白一直都是很经典的拼色搭配，黑白撞色地毯经常用在现代都市风格的空间中。

◇ 拼色地毯的主色调应采用室内主要家具的同类色或邻近色

◇ 现代风格空间中，黑白撞色的地毯更能表达出强烈的时尚气息

◇ 纯色地毯适合营造一个安宁的睡眠环境

05 床品配色

床品的色彩和图案直接影响卧室装饰的协调统一，从而间接影响到睡眠心理和睡眠质量。因此，在确定床品材质后，一定要根据卧室风格慎重选择床品的色彩和图案。

如果卧室主体颜色是紫色，应搭配以白色为主、带少许紫色装饰图案的床品，而不要再选择大面积为紫色的床品，否则整体就显得浑然一体，没有层次和主次感。如果卧室的主体颜色是浅色，床品的颜色再搭配浅色，整体上就显得苍白、平淡，没有色彩感。这种情况下建议床品可搭配一些深色或鲜艳的颜色，如咖啡色、紫色、绿色、黄色等，整个空间就显得富有生机，给人一种强烈的视觉冲击感。反之，卧室主体颜色是深色，床品应选择一些浅色或鲜亮的颜色，如果再搭配深色床品，就显得沉闷、压抑。

圣易文设计

◇ 床品的色彩应考虑和窗帘、地毯等其他布艺的协调

◇ 灰色为主色调的卧室空间，可在床品中加入几个图案夸张的抱枕作为点缀

◇ 浅色的卧室空间适合选择色彩鲜艳的床品营造活力与生机

06 花艺配色

花艺的色彩包括花器与花材两者所呈现的整体色彩。花器的质感、色彩的变化对室内整体环境起着重要的作用。

陶瓷花器可分成朴素与华丽两种截然不同的风格，朴素的花器是指单色或未上釉的类型；华丽则是指花器本身釉彩较多，花样、色泽都较为丰富的类型。

玻璃花器可依材质本身的透明度与成分，分为不透明的颜色鲜艳的料器、半透明具玻璃光泽的琉璃、完全透明的玻璃、加入 10% 以上氧化铅成分的水晶玻璃等。

◇ 手绘彩釉的陶瓷花器显得典雅大方

◇ 未经上釉的粗陶花器具有拙朴的质感

◇ 彩色玻璃花器

◇ 透明玻璃花器

金属材质的花器给人的印象是酷感十足。不论是纯金属还是以不同比例镕铸的合成金属，只要加上镀金、雾面或磨光处理，以及各种色彩的搭配，就能呈现出各种不同的效果。

木质花器质地温和，在不同的空间还会有一丝中式的禅意和日式的恬静。

花材的色彩不宜过多，一般以 1~3 种花色相配为宜。选用多色花材搭配时，一定要有主次之分，确定主色调，切忌各色平均使用。

除特殊需要外，一般花色搭配不宜用对比强烈的颜色。例如红、黄、蓝三色相配在一起，虽然很鲜艳、明亮，但容易刺眼，应当穿插一些复色花材或绿叶缓冲。如果不同花色相邻，应互有穿插呼应，以免显得孤立和生硬。

◇ 木质花器

◇ 蓝色和紫色组合的花艺以邻近色的方式搭配，显得协调感十足且层次分明

◇ 金属花器

◇ 选用多色花材搭配时，应确定好主次之分

07 装饰画配色

通常装饰画的色彩分成两种，一种是画框的颜色，另外一种是画芯的颜色。无论如何，画框和画芯的颜色之间总要有一个和房间内的沙发、桌子、地面或者墙面的颜色相协调，这样才能给人和谐舒适的视觉效果。最好的办法是装饰画色彩的主色从主要家具中提取，而点缀的辅色可以从饰品中提取。

装饰画的色彩要与室内空间的主色调进行搭配，一般情况下两者之间忌色彩对比过于强烈，也忌完全孤立，要尽量做到色彩的相互呼应。例如，客厅装饰画可以沙发为中心，中性色和浅色沙发适合搭配暖色调的装饰画，红色、黄色等颜色比较鲜亮的沙发适合配以中性基调或相同相近色系的装饰画。

装饰画边框的色彩可以很好地提升作品的艺术性，选择合适的边框颜色要根据画作本身的颜色和内容来定。

◇ 从房间内的主要家具中提取装饰画的色彩，给人整体和谐的视觉效果

◇ 从抱枕等小物件中提取装饰画的色彩，并通过纯度的差异制造层次感

◇ 撞色搭配的装饰画组合富有趣味性，成为客厅中的视觉焦点

一般情况下，如果整体风格相对和谐、温馨，画框宜选择墙面颜色和画面颜色的过渡色；如果整体风格相对个性，装饰画也偏向于采用选择墙面颜色的对比色，则可采用色彩突出的画框，形成更强烈和动感的视觉效果。此外，黑、白、灰三色能和任何颜色搭配在一起，也非常适合应用在画框上。

◇ 金色画框提升家居品质感

◇ 彩色画框表现出动感与活力

◇ 原木色画框给人亲近自然的感受

◇ 黑白色等无色系的画框比较百搭

全案设计实战

PART

2

灯光 照明 设计

-FURNISHING-
-DESIGN-

第二章

　　灯饰在空间之中除了有照明的功能，还能起到一定的装饰作用，只有搭配得当，才能在色彩、材质、风格上保持一致。不同的照明技术和照明效果组合在一起，可以使同一个房间产生不同的氛围。甚至于一种常用的阴影类型，都将对灯光的类型和房间的气氛产生深刻的影响。要想完成一个成功的室内照明设计，需要花时间做好计划。

室内照明基础知识

FURNISHING
DESIGN

Point

01 灯光物理属性

光是一种可见但不可触及的物质，它无时无刻不存在于我们的周围，由此可见其重要性。在室内设计中，灯光设计是一项不可或缺且专业性极强的重要设计内容。在对其进行深入研究之前，首先应了解一下关于光的各种物理属性。

◇ 卧室与书房两个不同的家居环境有不同的照度需求，阅读比就餐的照度要求更高

◆ **照度**

指被照物体在单位面积上所接收的光通量，其单位为勒克斯（可简写为 lux 或 lx），常用符号 E 来表示。用于指示光照的强弱和物体表面积被照明程度的量。

在室内照明的设计中，应结合光照区域的用途来决定该区域的照度，最终根据照度来选择合适的灯具。若要求作业环境明亮清晰，照度就会高。例如，书房整体空间的一般照度约为 100lx，但阅读时的局部重点照明则需要照度至

室内空间推荐照度范围	
（表中数值为工作面上的平均照度）	
室外入口区域	20~30~50lx
过道等短时间停留区域	50~70~100lx
衣帽间、门厅等非连续工作用的区域	100~150~200lx
客厅、餐厅等简单视觉要求的房间	200~300~500lx
有中等视觉要求的区域，如书房、厨房等	300~500~750lx

少到 600lx，因此可选用台灯作为局部照明的灯具。一般情况下，如非必要，用于居住的空间其照度最好不要超过 750lx。

◆ 显色性

指不同光谱的光源照射在同一颜色的物体上时，所呈现不同颜色的特性。通常用显色指数（Ra）来表示光源的显色性。光源的显色指数愈高，其显色性能愈好。

显色性是表达光源再现物体颜色的能力，人为规定用显色指数来衡量，显示指数的数值区间是0~100。通俗一点讲，就相当是给某个光源打分，分数值越高，代表这个光源还原物体本色的能力越强。在室内灯光设计中，光源的显色性并不是越高越好，只能说显色性好的灯具其运用的区域较为广泛。

◇ 显色性指数越高的光源，照射物体所呈现的颜色与物体在自然光线下的颜色差别越小

◆ 色温

色温是指光波在不同能量下，人眼所能感受的颜色变化，用来表示光源光色的尺寸，单位是K。空间中不同色温的光线，会最直接地决定照明所带给人的感受。

在高色温光源照射下，会在视觉上形成阴冷的感觉；而在低色温光源照射下，则会给人带来温暖感。日常生活中常见的自然光源，泛红的朝阳和夕阳色温较低，中午偏黄的白色太阳光色温较高。一般色温低的话，会带点橘色，给人以温暖的感觉；色温高的光线带点白色或蓝色，给人以清爽、明亮的感觉。

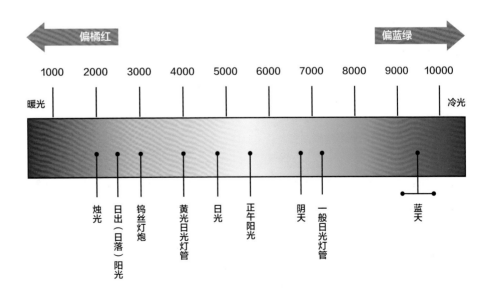

◆ 阴影

影子是光线在照射过程中，被物体遮挡后所形成的阴暗区域，因此影子的存在也是对光的物理属性的一种体现。此外，仔细观察灯光下的影子，还会发现影子中部特别黑暗，四周稍浅，影子中部特别黑暗的部分叫本影，四周灰暗的部分叫半影。这些现象的产生都和光的直线传播有着密切关系。

在室内灯光设计中，对厨房操作区、书房以及工作区域的灯光设计中特殊区域的灯光进行布置时，应避免灯光开启后在工作台面上形成阴影区，以免对操作过程造成干扰。

◆ 眩光

眩光是一种由光的物理属性所引发的视觉感应，而这种视觉感应会让观者的双眼感到极度不适，加速视觉疲劳。眩光的产生是由于光源的亮度、位置、数量、环境等多方面原因共同作用的结果。

眩光又分为直接眩光和反射眩光两类，直接眩光是指人眼直接接触高亮度的光源以后所产生的刺目感受，反射眩光是指光直接照射在光滑平整的表面后，反射进入人眼所引起的刺激性眩光。

◆ 光色

指光源的颜色，是光的物理属性体现之一。从前人们认为光是无色的，但牛顿通过棱镜发现光里含有色谱。通过光的折射，牛顿发现光是由不同的波长组成，每种波长与不同的颜色相关联。

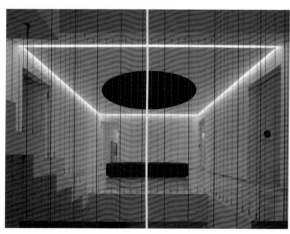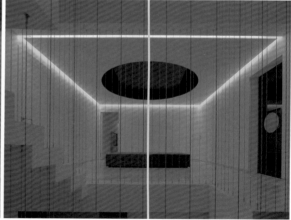

◇ 不同光色所呈现的视觉效果

Point

02 材料光学性质

光由光波构成，其传播原理与声波相同，当光线照射在物体表面上时如果不考虑吸收、散射等其他形式的光损耗，会产生透射和反射的现象。材料对光波产生的这些效应即为材料的光学性质。

在室内灯光的运用上，也要考虑到墙、地、顶面表面材质和软装配饰表面材质对于光线的反射，这里应当同时包括镜面反射与漫反射，浅色地砖、玻璃隔断门、玻璃台面和其他亮光平面可以近似认为是镜面反射材质，而墙纸、乳胶漆墙面、沙发皮质或布艺表面，以及其他绝大多数室内材质表面，都可以近似认为是漫反射材质。此外，接近白色而有光泽感的材料更能反射光线，反之，黑色系有厚重感的材料则能够吸收光线。

◇ 玻璃隔断门、浅色地砖等镜面反射材质

◇ 乳胶漆墙面、布艺硬包等漫反射材质

照明光源种类

室内照明按照光源划分比较常见的有：白炽灯、卤钨灯、荧光灯、LED 灯、汞灯、钠灯等。由于发光原理及结构上的不同，各类光源所带来的照明效果有所差异，在使用上也各有利弊，因此在设计室内灯饰前，充分了解各种光源的性能以及特点是极为必要的。

光源种类	光源图示	性能特点
白炽灯		白炽灯的色光最接近于太阳光色，通用性强，具有定向、散射、漫射等多种发光形式，并且能加强物体的立体感
卤钨灯		卤钨灯是灯泡内填充了卤族元素或卤化物的充气白炽灯，有着显色性好、制造简单、成本低廉、亮度容易调整和控制等优点
荧光灯		属于低压汞灯也称为日光灯，可分为传统型荧光灯和无极荧光灯两大类，具有耗电少，光感柔和，大面积泛光功能性强
LED 灯		LED 灯是传统光源使用寿命的 10 倍以上。而且同样功率的 LED 灯所需电力只有白炽灯的 1/10，因此 LED 灯具的出现，极大地降低了照明所需要的电能
汞灯		汞灯是利用汞放电时，产生蒸气，获得可见光的一种气体放电光源，在通常情况下，又将汞灯分为低压汞灯、高压汞灯及超高压汞灯三种
钠灯		钠灯是利用钠蒸气放电产生可见光的电光源，属于高强度气体放电灯泡，可分为低压钠灯和高压钠灯

04 照明设计方式

照明方式指的是使用不同的灯具来调控光线延伸的方向及其照明范围。依照不同的设计方法，可初步分为直接照明与间接照明，但在应用上又可细分成为半直接照明、半间接照明以及漫射型照明。一个空间中可以运用不同配光方案来交错设计出自己需要的光线氛围，照明效果主要取决于灯具的设计样式和灯罩的材质。在购买灯具前，首先要在脑海中构想自己想要营造的照明氛围，最好在展示间确认灯具的实际照明效果。

光源种类	光源图示	性能特点
直接照明		所有光线向下投射，适用于想要强调室内某处的场合，但容易将吊顶与房间的角落衬托得过暗
半直接照明		大部分光线向下投射，小部分光线通过透光性的灯罩，投射向吊顶。这种形式可以缓解吊顶与房间角落过暗的现象
间接照明		先将所有的光线投射于吊顶上，再通过其反射光来照亮空间，可以创造出温和的氛围
半间接照明		通过向吊顶照射的光线反射，再加上小部分通过从灯罩透出的光线，向下投射，这种照明方式显得较为柔和
漫射型照明		利用透光的灯罩将光线均匀地漫射至需要光源的平面，照亮整个房间。相比前几种照明方式，更适合于宽敞的空间使用

空间照明灯具搭配

FURNISHING
DESIGN

01 灯具风格类型

◆ 轻奢风格灯具

轻奢风格的灯饰在线条上一般以简洁大方为主，装饰功能要远远大于功能性。造型别致的吊灯、落地、台灯以及壁灯都能成为轻奢风格重要的装饰元素，还有许多利用新材料、新技术制造而成的艺术造型灯具，让室内的光与影变幻无穷。

此外，如果是整体风格较为华丽的轻奢家居，不妨考虑搭配

全铜灯与之配套。全铜灯基本上以金色为主色调，处处透露着高贵典雅，是一种非常贵族的灯饰。

◇ 表面镀金的金属落地灯

◇ 全铜吊灯

◇ 几何型金属吊灯

◇ 玻璃球泡泡灯

◇ 长臂的金属壁灯

◆ 北欧风格灯具

北欧风格适合造型简单且具有混搭元素的灯具，例如白、灰、黑的原木材质灯具，如果搭配有点年代感的经典灯具，更能提升质感。一般而言，较浅色的北欧风空间中，如果出现玻璃及铁艺材质，就可以考虑挑选有类似质感的灯具。

北欧风格和工业风格的灯饰有时候会有交叉之处，看似没有复杂的造型，但在工艺上是经过反复推敲的，使用起来非常轻便和实用。

◇ 原木灯臂加黑色灯罩的经典灯具

◇ AJ 系列灯

◇ 乐器吊灯

◇ 魔豆吊灯

◇ PH5 吊灯

◆ 工业风格灯具

工业风的空间中，灯饰照明的运用极其重要。可以选择极简风格的吊灯或者复古风格的艺术灯泡。为了表现粗犷的空间氛围，布料编织的电线以及样式多变的灯泡都是工业风格灯饰的必备元素。

工业风格家居除了金属机械灯之外，也可以选择同为金属材质的探照灯，独特的三角架造型好像电影放映机，不但营造十足的工业感，还有画龙点睛的作用。如果选择带有鲜明色彩灯罩的机械感灯具，还能平衡工业风格冷调的氛围。此外，黑色金属台扇、落地扇或者吊扇等也经常应用于工业风格空间。因为工业风格整体给人的感觉是冷色调，色系偏暗，可以多使用射灯，增加局部空间的照明，舒缓工业风格居室的冷硬感，射灯照明即便是在白天，也具有很强的装饰性。

◇ 轨道射灯可灵活移动，营造丰富的光环境

◇ 带网罩的吊灯让人仿佛走进那个触手可及的工业时代，感受着不一样的艺术形式

工业风格灯饰一般选择金属、麻绳等作为装饰材料，并选择工业形象作为灯具造型，极富创造力。灯罩常用金属圆顶形状，表面采用搪瓷处理或者模仿镀锌铁皮材质，并且常见绿绣或者磨损痕迹。

◇ 麻绳灯

◇ 网罩灯

◇ 双关节灯

◆ 法式风格灯具

法式风格家居常用水晶灯、烛台灯、全铜灯等灯饰类型，造型上要求精致细巧，圆润流畅。例如有些吊灯采用金色的外观，配合简单的流苏和优美的弯曲造型设计，可给整个空间带来高贵优雅的气息。洛可可风格的水晶灯灯架以铜制居多，造型及线条蜿蜒柔美，表面一般会镀金加以修饰，突出其雍容华贵的气质。烛台灯应用在法式风格的空间中，更能凸显庄重与奢华感。从古罗马时期至今，全铜灯一直是君王威严的象征，欧洲的贵族们无不沉迷于铜灯这种美妙金属制品的隽永魅力中。

◇ 金属底座的陶瓷台灯

◇ 灵感源自欧洲古代的烛台灯体现出的优雅隽永的气度

◇ 璀璨耀眼的水晶灯衬托出法式风格的华贵典雅

◆ 美式风格灯具

美式风格对于灯饰的搭配局限较小，一般适用于欧式古典家居的灯饰都可使用。需要注意的是造型不可过于繁复，通常美式新古典风格适合搭配水晶灯或铜制的金属灯具。

水晶材质晶莹剔透，而铜灯则易于营造典雅大气的氛围。美式乡村风格可选择造型更为灵动的铁艺灯具，铁艺具有简单粗犷的特质，可以为美式空间增添怀旧情怀。美式铜灯主要以枝形灯、单锅灯等简洁明快的造型为主，质感上注重怀旧，灯饰的整体色彩、形状和细节装饰都无不体现出历史的沧桑感，一盏手工做旧的油漆铜灯，是美式风格的完美载体。

◇ 做旧的铁艺吊灯体现美式风格回归自然的特点

鹿角灯起源于19世纪的美国西部，多采用树脂制作成鹿角的形状，在不规则中形成巧妙的对称，为居室带来极具野性的美感。一盏做工精美、年代久远的鹿角灯，既有美国乡村自然淳朴的质感，又充满异域风情，可以成为居家生活中难得的藏品。

◇ 起源于美国西部的鹿角灯给室内带来极具野性的美感

◇ 陶瓷灯通常作为美式客厅角落或卧室床头的局部照明

◆ 新中式风格灯具

新中式风格灯饰源于中国传统灯饰的造型，并在传统灯饰的基础上，注入现代元素的表达，不仅简洁大气，而且形式十分丰富，呈现出古典时尚的美感。

传统灯饰中的宫灯、河灯、孔明灯等都是新中式灯饰的演变基础。除了能够满足基本的照明需求外，还可以将其作为空间装饰的点睛之笔。例如，形如灯笼的落地灯、带花格灯罩的壁灯、陶瓷灯，都是打造新中式风格的理想灯具。其中新中式陶瓷台灯做工精细，质感温润，仿佛一件艺术品。铁艺制作的鸟笼造型灯饰有台灯、吊灯、落地灯等，是新中式风格中比较经典的元素，可以给整个空间增添鸟语花香的氛围。

◇ 自然材质的鸟笼灯除了环保之外，应用在新中式空间中可给人一种放松感和宁静感

御融设计

◇ 陶瓷灯承载了深厚的历史文化渊源，既是实用品又是艺术品

◇ 由传统宫灯演变而来的吊灯悬挂于挑高空间，颇具复古意味

◆ 地中海风格灯具

地中海风格灯具常使用一些蓝色的玻璃制作成透明灯罩，通过其透出的光线，具有非常绚烂的明亮感，让人联想到阳光、海岸、蓝天。灯臂或者中柱部分常常会做擦漆做旧处理，这种设计方式除了让灯饰流露出类似欧式灯饰的质感，还可以展现出被海风吹蚀的自然印迹。

地中海风格的铁艺吊灯虽比不上欧式水晶灯奢华耀眼，但明显更适合表现自由、自然、明亮的装饰特点，能够很好地融入整体环境。这类灯饰一般都以欧式的烛台等为原型，可大可小，在地中海风格中可以作为客厅的主灯使用。

在北非地中海风格中，也经常能看到摩洛哥元素，其中摩洛哥风灯独具异域风情，如果把其运用在室内，很容易就能打造出独具特色的地中海民宿风格。除了悬挂之外，也可以选择一个小吊灯摆在茶几上。

地中海风格空间中的吊扇灯是灯和吊扇的完美结合，一般以蓝色或白色作为主体配色，既有装饰效果，又兼具灯和风扇的实用性，是地中海风格家居的必备灯饰。

◇ 以欧式烛台为原型的地中海风格铁艺灯

◇ 做旧的铁艺吊灯体现地中海风格质朴的特点

◇ 仿古马灯

◇ 摩洛哥风灯

◇ 蒂凡尼灯

◆ 东南亚风格灯具

东南亚风格灯饰在设计上逐渐融合西方现代概念和亚洲传统文化，通过不同的材料和色调搭配，在保留了自身的特色之余，产生更加丰富的变化。

东南亚风格灯饰颜色一般比较单一，多以深木色为主，给人以泥土与质朴的气息。灯具造型具有明显的地域民族特征，比较多地采用象形设计方式。如铜制的莲蓬灯、手工敲制的具有粗糙肌理的铜片吊灯、大象等动物造型的台灯等。此外，贝壳、椰壳、藤、枯树干等都是东南亚风格灯具的制作材料，很多还会装点类似流苏的装饰物。

◇ 芭蕉叶的造型让吊扇灯展现出不同的风姿，很好地呈现出东南亚风情

◇ 木皮灯与大自然融于一体的颜色，很好地诠释了东南亚风格的特点

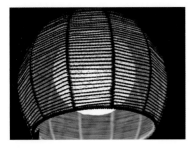

◇ 竹编灯

◇ 木皮灯

◇ 藤灯

02 灯具材质类型

◆ 铜灯

　　铜灯是指以铜作为主要材料的灯饰，包含紫铜和黄铜两种材质。铜灯是使用寿命最长久的灯具，处处透露着高贵典雅，是一种非常贵族的灯具，非常适用于别墅空间。

　　目前具有欧美文化特色的欧式铜灯是主流，它汲取了欧洲古典灯具及艺术的元素，在细节的设计上沿袭了古典宫廷的特征，采用现代工艺精制而成。欧式铜灯非常注重灯饰的线条设计和细节处理，比如点缀用的小图案、花纹等，都非常地讲究，除了原古铜色的之外，有的还会采用人工做旧的方法来制造时代久远的感觉。欧式铜灯在类型上分别有台灯、壁灯，吊灯等，其中吊灯主要是采用烛台式造型，在欧式古典家居中非常多见。

　　对于欧式风格来说，铜灯几乎是百搭的，全铜吊灯及全铜玻璃焊锡灯都适合；美式铜灯主要以枝形、单锅型等简洁明快的造型为主，质感上注重怀旧，灯饰的整体色彩、形状和细节装饰都无不体现出历史的沧桑感，一盏手工做旧的油漆铜灯，是美式风格的完美载体；现代风格可以选择造型简洁的全铜玻璃焊锡灯，玻璃以清光透明及磨砂简单处理的为宜；而应用在新中式风格的筒灯往往会加入玉料或者陶瓷等材质。

　　因为纯铜塑形很难，因此很难找到百分百的全铜灯，目前市场上的全铜灯多为黄铜原材料按比例混合一定量的其他合金元素，使铜材的耐腐蚀性、强度、硬度和切削性得到提高，从而做出造型优美的全铜灯。

纳沃佩思设计

◇　全铜台灯

◇　悬挂于欧洲古代宫廷之中的艺术铜灯，一直是君王威严的象征

◆ 铁艺灯

传统的铁艺灯基本上都是起源于西方，在中世纪的欧洲教堂和皇室宫殿中，因为最早的灯泡还没有发明出来，所以用铁艺做成灯饰外壳的铁艺烛台灯绝对是贵族的不二选择。

铁艺灯的主体是由铁和树脂两个部分组成，铁制的骨架能使它的稳定性更好，树脂能使它的造型塑造的更多样化，还能起到防腐蚀、不导电的作用。

铁艺灯有很多种造型和颜色，并不只是适合于欧式风格的装饰。有些铁艺灯采用做旧的工艺，给人一种经过岁月的洗刷的沧桑感，与同样没有经过雕琢的原木家具及粗糙的手工摆件是最好的搭配。是地中海风格和乡村田园风格空间中的必选灯具。

◇ 起源于西方的传统铁艺烛台灯

◆ 水晶灯

水晶灯水晶灯是指由水晶材料制作成的灯具，主要由金属支架、蜡烛、天然水晶或石英坠饰等共同构成，由于天然水晶的成本太高，如今越来越多的水晶灯原料为人造水晶，世界上第一盏人造水晶的灯具由法国籍意大利人 Bernardo Perotto 于 1673 年创制。

◇ 做旧工艺的铁艺灯给人一种经过岁月的洗刷的沧桑感

◇ 挑高空间中的水晶吊灯给人以精美华丽的视觉享受

◆ 玻璃灯

玻璃灯的性能极其优越，在住宅空间中经常使用，精美的玻璃灯一般分为规则的方形和圆形、不规则的花形以及欧美风格玻璃灯等三种款式。通常在卧室中经常使用方形和圆形的玻璃灯，光线比较柔美；不规则的花形玻璃灯是仿水晶灯的造型，因为水晶灯价格昂贵，而玻璃材质的花形灯更加经济，经常被应用在客厅空间。

玻璃灯常见的有彩色玻璃灯具和手工烧制玻璃灯具。彩色玻璃灯是用大量彩色玻璃拼接起来的灯具，其中最为有名的就数蒂芙尼（Tiffany）灯具。手工烧制玻璃灯具通常指一些技术精湛的玻璃师傅通过手工烧制而成的灯具，业内最为出名就数意大利的手工烧制玻璃灯具。

◇ 彩色玻璃灯

◇ 蒂芙尼灯

◇ 手工烧制玻璃灯

◇ 纯色玻璃灯

◆ 纸质灯

纸质灯的设计灵感来源于中国古代的灯笼，具有其他材质灯饰无可比拟的轻盈质感和可塑性，那种被半透的纸张过滤成柔和、朦胧的灯光更是令人迷醉。

纸质灯造型多种多样，可以跟很多风格搭配出不同效果。一般多以组群形式悬挂，大小不一错落有致，极具创意和装饰性。例如，在现代简约风格的空间中选择一款纯白色纸质吊灯，能给空间增加一分禅意。

◇ 纸灯具有其他材质无可比拟的轻盈质感

◇ 纸灯适合营造淡淡的禅意氛围

◆ 陶瓷灯

陶瓷灯是采用陶瓷材质制作成的灯具，分为陶瓷底座灯与陶瓷镂空灯两种，其中以陶瓷底座灯最为常见。陶瓷灯的外观非常精美，目前常见的陶瓷灯大多都是台灯的款式。因为其他类型的灯具做工比较复杂，不能使用瓷器。

◇ 新中式风格的陶瓷灯

◆ 木质灯

　　木质配合羊皮、纸、陶瓷等材料做成灯具，可以打造出中国传统风格，纸或羊皮上可以绘制一些传统花鸟图案。如今不少北欧家居风格的灯都是木质的，此外，还可以尝试一下工业风格，例如把灯泡直接装在木头底座上。

　　木质灯从材质角度比金属、塑料等更环保。由于具有自然的风格，木质灯很适合用在卧室、餐厅，让人感到放松、舒畅，给人温馨和宁静感。如果是落地灯，还可以在灯上装饰一些绿色植物，既不干扰照明，还增添了自然的气息。

◇ 日式风格木质灯

◇ 木质灯有自然环保的特点，让人感到放松和舒畅

◇ 木质落地灯

◆ 吊灯

　　烛台吊灯的灵感来自欧洲古典的烛台照明方式；水晶吊灯是吊灯中应用最广的，在风格上包括欧式水晶吊灯、现代水晶吊灯两种类型；中式吊灯给人一种沉稳舒适之感，能让人们从浮躁的情绪中回归到宁静；吊扇灯与铁艺材质的吊灯比较贴近自然，所以常被用在乡村风格当中；现代风格的艺术吊灯款式众多，主要有玻璃材质、陶瓷材质、水晶材质、木质材质、布艺材质等类型。

　　从造型上来说，吊灯分单头吊灯和多头吊灯，前者多用于卧室、餐厅，后者宜用在客厅、酒店大堂等，也有些空间采用单头吊灯自由组合。从安装方式上来说，吊灯分为线吊式、链吊式和管吊式三种。线吊式灯具比较轻巧，一般是利用灯头花线持重，灯具本身的材质较为轻巧，如玻璃、纸类、布艺以及塑料等是这类灯具中最常选用的材质；链吊式灯具采用金属链条吊挂于空间，这类照明灯饰通常有一定的重量，能够承受较多类型的照明灯饰的材质，如金属、玻璃、陶瓷等。管吊式与链吊式的悬挂很类似，是使用金属管或塑料管吊挂的照明灯饰。

◇ 新中式风格吊灯

◇ 欧式风格吊灯

◇ 现代风格吊灯

◇ 线吊式

◇ 链吊式

◇ 管吊式

◆ 吸顶灯

吸顶灯适用于层高较低的空间，或是兼有会客功能的多功能房间。因为吸顶灯底部完全贴在顶面上，特别省空间，也不会像吊灯那样显得累赘。一般而言，卧室、卫浴间和客厅都适合使用吸顶灯，通常面积在 $10m^2$ 以下的空间宜采用单灯罩吸顶灯，超过 $10m^2$ 的空间可采用多灯罩组合顶灯或多花装饰吸顶灯。

与其他灯具一样，制作吸顶灯的材料很多，有塑料、玻璃、金属、陶瓷等。吸顶灯根据使用光源的不同，可分为普通白炽吸顶灯、荧光吸顶灯、高强度气体放电灯、卤钨灯等。不同光源的吸顶灯适用的场所各有不同，空间层高为 4m 左右的照明可使用普通白炽灯泡、荧光灯的吸顶灯；空间层高在 4~9m 的照明则可使用高强度气体放电灯，荧光吸顶灯通常是家居、学校、商店和办公室照明的首选。

◇ 现代风格吸顶灯

◇ 中式风格吸顶灯

◇ 黑白灰色调的空间适合选择暖色光源的吸顶灯

◇ 吸顶灯功能实用，常用于层高偏矮的房间

◆ 筒灯

筒灯是比普通明装的灯饰更具聚光性的一种灯饰，嵌装于吊顶内部，它的最大特点就是能保持建筑装饰的整体统一，不会因为灯饰的设置而破坏吊顶。筒灯的所有光线都向下投射，属于直接配光。而且筒灯不占据空间，可增加空间的柔和气氛，如果想营造温馨的感觉，可试着装设多盏筒灯，减轻空间压迫感。

筒灯有明装筒灯与暗装筒灯之分，根据灯管大小，一般有 5 寸的大号筒灯，4 寸的中号筒灯和 2.5 寸的小号筒灯三种。尺寸大的间距小，尺寸小的间距大，一般安装距离在一到两米，或者更远。不论是起主要照明之用，还是作为辅助灯光使用，筒灯都不宜过多、过亮，以排列整齐、清爽有序为佳。

◇ 现代风格居室通常以筒灯点光源作为空间的主要照明

◇ 明装筒灯

◇ 筒灯不占据空间，可增加空间的柔和气氛合砌设计

◇ 暗装筒灯

◆ 射灯

射灯既能做主体照明满足室内采光需求，又能做辅助光源烘托空间气氛，是典型的现代流派灯饰。射灯对空间、色彩，虚实感受都十分强烈而独特，能为居住空间带来华美的情趣和意境。由于射灯可自由变换角度，因此能够带来千变万化的组合式照明效果，令人兴趣盎然，心旷神怡。

◇ 利用两排射灯作为电视墙和沙发区域的重点照明

射灯的光线具有方向性，而且在传播过程中光损较小，将其光线投射在摆件、挂件、挂画等软装饰品上，可以让装饰效果得到完美的提升。而且还能达到重点突出、层次丰富、气氛浓郁、缤纷多彩的艺术效果。此外，射灯也可以设置在玄关、过道等地方作为辅助照明。在各种灯具中，射灯的光亮度往往是最佳的，如果使用不当，容易产生眩光。因此，应避免让射灯直接照射在反光性强的物品上。

◇ 工业风空间多数偏暗，可以多使用射灯增加点光源的照明

◇ 导轨射灯的特点是可按需移动灵活照明

◆ 壁灯

墙面灯具通常指的是壁灯。壁灯的投光可以是向上或者向下，它们可以随意固定在任何一面需要光源的墙上，并且占用的空间较小，因此普遍性比较高。

客厅壁灯的安装高度一般控制在 1.7~1.8m，度数要小于 60W 为宜；床头安装的壁灯最好选择灯头能调节方向的，安装位置高度为距离地面 1.5~1.7m，距墙面距离为 9.5~49cm。玄关或者过道等空间的壁灯灯光一般应柔和，安装高度应该略高于视平线，使用时最好再搭配一些别的饰品。卫浴镜前的壁灯一般安装在镜子两边，如果想要安装在镜子上方，壁灯最好选择灯头朝下的类型。

◇ 摇臂壁灯可自由调节照射方向

◇ 向上投光的壁灯从视觉上显得顶面更高

◇ 壁灯是一种固定于墙面的辅助性灯具，安装时注意合理高度

◆ 台灯

台灯主要放在写字台、边几或床头柜上作为书写阅读之用。大多数台灯是由灯座和灯罩两部分组成，一般灯座由陶瓷、石质等材料制作成，灯罩常用玻璃、金属、亚克力、布艺、竹藤做成。

客厅中的台灯一般摆设在沙发一侧的角几上，属于氛围光源，装饰性多过功能性；卧室床头台灯除了阅读功能之外，主要是用于装饰，一般灯座造型或采用典雅的花瓶式，或采用亭台式和皇冠式，有的甚至采用新颖的电话式等；书房台灯应适应工作性质和学习需要，宜选用带反射罩、下部开口的直射台灯，也就是工作台灯或书写台灯，台灯的光源常用白炽灯、荧光灯。

ZNEI 至内设计

◇ 为了适应工作性质和学习需要，书房中宜选用带反射灯罩、下部开口的直射台灯

壹方设计

◇ 客厅中的台灯多为氛围光源，摆设于角几上方

◇ 卧室中的台灯通常作为辅助照明，方便居住者晚间在床上看书

尚壹扬设计

◇ 玄关柜上的台灯通常与摆件形成三角构图的摆设，更强调装饰性

◆ 地脚灯

地脚灯又可称为入墙灯，一般作为室内的辅助照明工具，如去卫生间，夜晚如果开普通灯会影响别人休息，而地脚灯由于光线较弱，安装位置较低，因此不会对他人造成影响。地脚灯在夜间提供基本照明的同时，还具有一定营造空间气氛的作用。此外，还具有体积小、功耗低、安装方便，造型优雅、坚固耐用等特点。在室内安装地脚灯时，一般以距离地面 0.3m 为宜。

地脚灯所采用的光源常见的有节能灯、白炽灯等。随着技术的进步，现已开始大量地采用 LED 灯作为其光源。LED 地脚灯发的光非常柔和，而且还有无辐射、故障率低、维护方便，低耗电等优点。

◇ 楼梯地脚灯

◆ 落地灯

落地灯常用作局部照明，不讲究全面性，而强调移动的便利，善于营造角落气氛。落地灯一般布置在客厅和休息区域里，与沙发、茶几配合使用，以满足房间局部照明和点缀装饰家庭环境的需求，但要注意不能置放在高大家具旁或妨碍活动的区域里。此外，落地灯在卧室、书房中偶尔也会涉及，但是相对比较少见。

落地灯在造型上通常分为直筒落地灯、曲臂落地灯和大弧度落地灯。直筒落地灯最为简单实用，使用也很广泛，一般安置在角落里。曲臂落地灯的最大优点就是可随意拉近拉远，配合阅读的姿势和角度，灵活性强，大弧度落地灯的典型代表是整个造型远远看过去像是一根钓鱼竿的造型，也因此被称为鱼竿落地灯，其主体部分也和鱼竿一样有着很好的韧性，可以弯曲弧度。

◇ 落地台灯移动方便的同时适合营造角落气氛

◇ 大弧度落地灯

◇ 直筒落地灯

◇ 曲臂落地灯

空间照明氛围营造

FURNISHING
DESIGN

Point

01 玄关照明

玄关一般都不会紧挨窗户，要想利用自然光来提高光感比较困难，而合理的灯光设计不仅可以提供照明，还可以烘托出温馨的氛围。玄关的灯光颜色原则上使用色温较低的暖光，以突出家居环境的温暖和舒适感。

由于玄关是进入室内的第一印象处，也是整体家居的重要部分，因此灯饰的选择一定要与整个家居的装饰风格相搭配。如果是现代简约的装饰风格，玄关

灯具一定要以简约为主，一般选择灯光柔和的筒灯或者隐藏于顶面的灯带进行装饰；欧式风格的别墅，通常会在玄关处正上方顶部安装大型多层复古吊灯，灯的正下方摆放圆桌或者方桌搭配相应的花艺。用来增加高贵隆重的仪式感。别墅玄关吊灯一定不能太小，高度不宜吊得过高，要相对客厅的吊灯更低一些，跟桌面花艺做很好的呼应，灯光要明亮。

◇ 小面积的玄关通过悬吊的鞋柜下方设计间接光源

◇ 大面积玄关除了主灯以外，通常会提供辅助光源增加装饰效果

◇ 欧式风格玄关通常会在主灯下方摆设圆桌及花艺，增加仪式感

玄关的照明一般比较简单，只要亮度足够，能够保证采光即可，建议灯光色温控制在约 2800K 左右即可。除了一般式照明外，还应考虑到使用起来的方便性。可在鞋柜中间和底部设计间接光源，方便客人或家人的外出换鞋。如果有绿色植物、装饰画、工艺品摆件等软装配饰时，可采用筒灯或轨道灯形成焦点聚射。

从功能上来说，如果玄关主要用来收纳，就可以用普通式照明，吊灯或吸顶灯都没问题，收纳柜里可以辅助以小的衣柜灯；如果玄关只是通往客厅的走道，那可以采用背景式照明，或者具有引导功能的照明设备，比如壁灯、射灯等；在过长的玄关过道中，可以通过在吊顶间隔布置多盏吊灯的手法，将空间分割成若干个小空间，从而化解玄关过道的问题。同时多盏灯饰的布置，也丰富了玄关空间的装饰性。

◇ 狭长形玄关过道可在吊顶上间隔布置多盏吊灯

◇ 灯带与射灯结合的照明方式

02 客厅照明

　　客厅是一家人的共同活动场所，具有会客、视听、阅读、游戏等多种功能，通常会运用主照明和辅助照明的灯光交互搭配，可以通过调节亮度和亮点，来增添室内的情调，但注意一定要保持整体风格的协调一致。一般以一盏大方明亮的吊灯或吸顶灯作为主灯，搭配其他多种辅助灯饰，如壁灯、筒灯、射灯等。如果是要经常坐在沙发上看书，建议用可调的落地灯、台灯来做辅助。满足阅读亮度的需求。

　　如果客厅较大而且层高 3m 以上的空间，宜选择大一些的多头吊灯；高度较低、面积较小的客厅应该选择吸顶灯，因为光源距地面 2.3m 左右，照明效果最好。如果房间只有 2.5m 左右，灯具本身的高度就应该在 20cm 左右，厚度小的吸顶灯可以达到良好的整体照明效果。

◇ 挑高的客厅适合选择大型的多头吊灯，更能凸显大空间的气势

◇ 客厅中除了主灯之外，壁灯、落地灯等辅助照明同样起到非常重要的作用

◇ 现代简约风格的客厅中通常采用灯带结合点光源作为空间的主要照明

客厅顶面除了吊灯之外，安装隐藏式的灯带是目前比较流行的照明方式，但其光源必须距离顶面 35cm 以上，才不会产生过大的光晕。

电视机附近需要有低照度的间接照明，来缓冲夜晚看电视时电视屏幕与周围环境的明暗对比，减少视觉疲劳。如在电视墙的上方安装隐藏式灯带，其光源色的选择可根据墙面的本色而定。

沙发区的照明不能只是为了突出墙面上的装饰物，同时要考虑坐在沙发上的人的主观感受。可以选择台灯或落地灯放在沙发的一端。

客厅空间中可以对某些需要突出的饰品进行重点投光，使该区域的光照度大于其他区域，营造出醒目的效果。可在挂画、花瓶以及其他工艺品摆件等上方安装射灯，让光线直接照射在需要强调的物品上，达到重点突出，层次丰富的艺术效果。

◇ 对客厅中的饰品进行重点照明可营造出醒目的效果

◇ 电视墙区域提供有低照度的间接照明，满足观看影视的需求

◇ 沙发墙区域的照明不宜过于强烈，可通过灯带与台灯等提供亮度需求

Point

03 餐厅照明

餐厅的照明要求色调柔和、宁静，有足够的亮度，这样不但使家人能够清楚地看到食物，还能与周围的环境、家具、餐具等相匹配，构成一种视觉上的整体美感。选择灯饰时最好跟整体装饰风格保持一致，同时考虑餐厅面积、层高等因素。

单盏大灯适合 2~4 人的餐桌，明暗区分相当明显，像是舞台聚光灯般的效果，自然而然地将视觉聚焦。如果比较重视照明光感，或是餐桌较大，不妨多加 1~2 盏吊灯，但灯饰的大小比例必须调整缩小，另外，具有设计感的吊灯，也会加强视觉上的丰富度。若餐厅想要安排三盏以上的灯饰，可以尝试将同一风格、不同造型的灯饰做组合，形成不规则的搭配，混搭出特别的视觉效果。1.4m 或 1.6m 的餐桌，建议搭配直径 60cm 左右的灯饰，1.8m 的餐桌配直径 80cm 左右的灯饰。

◇ 将三盏同款的红色吊灯依次排开，使照明灯组所散发出的光能够完全覆盖下方的就餐区域

◇ 餐厅灯具应与室内整体风格保持一致，并与其他软装配饰相协调

◇ 大小不一的多盏吊灯高低错落地悬挂，即使不开灯时也具有很好的装饰效果

餐厅灯饰以低矮悬吊式照明为佳，一般吊灯与餐桌之间的距离约为 55~60cm，过高显得空间单调，过低又会造成压迫感。因此，选择让人坐下来视觉会产生 45°斜角的焦点，且不会遮住脸的悬吊式吊灯即可。

从实用性的角度上来看，在餐桌上方安装吊灯照明是一个不错的选择，如果还想加入一些氛围照明，那么可考虑在餐桌上摆放一些烛台，或者在餐桌周围的环境中，加入一些辅助照明灯光。在餐厅中使用显色性极佳的白色光，主要是为了让就餐者能够对餐桌上的食物进行明确分辨，避免造成误食而影响心情。

层高较低的餐厅应尽量避免采用吊灯，选择筒灯或吸顶灯作为主光源是其最佳选择。此外，在空间狭小的餐厅里，如果餐桌是靠墙摆放的话，可以选择壁灯与筒灯的光线进行搭配。用餐人数较少时，落地灯也可以作为餐桌光源，但只适用于小型餐桌。空间宽敞的餐厅选择性会比较大，采用吊灯做主光源，壁灯做辅助照明是最理想的布光方式。

万物并作设计

◇ 餐桌上摆设的烛台除了装饰以外，还可作为餐厅的氛围照明

YORO 御融设计

◇ 吊灯与餐桌之间的距离约为 55～60cm

沐森山设计

◇ 层高较低的餐厅选择内嵌的筒灯作为主光源

04 卧室照明

卧室不仅是全家人休息的私密空间，很多人也常在卧室内看书学习，把卧室作为书房。卧室中除了提供易于睡眠的柔和光源之外，更重要的是要以灯光的布置来缓解白天紧张的生活压力。选择灯饰及安装位置时要避免有眩光刺激眼睛。低照度、低色温的光线可以起到促进睡眠的作用。卧室内灯光的颜色最好是橘色、淡黄色等中性色或是暖色，有助于营造舒适温馨的氛围。

卧室里一般建议使用漫射光源，壁灯或者 T5 灯管都可以。吊灯的装饰效果虽然很强，但是并不适用层高偏矮的房间，特别是水晶灯，只有层高确实够高的卧室才可以考虑安装水晶灯增加美观性。在无顶灯或吊灯的卧室中，采用安装筒灯进行点光源照明是很好的选择，光线相对于射灯要柔和。

◇ 卧室中安吊灯的前提是需要有足够的层高，并且应安装在床尾上方的位置

◇ 卧室采用漫射照明更能营造温馨氛围

◇ 卧室宜选择橘色、淡黄色等中性色或是暖色的光源

卧室的照明分为整体照明、床头局部照明、衣柜局部照明、重点照明以及气氛照明等。

整体照明可以装在床尾的顶面，避开躺下时会让光线直接进入视线的位置。扩散光型的吸顶灯或造型吊灯，可以照亮整个卧室。如果空间比较大，可考虑增加灯带，通过漫反射的间接照明为整个空间进行光照辅助。

床头的局部照明是为了让人在床上进行睡前活动和方便起夜设置的，在床头柜上摆设台灯是常见的方式。如果床头柜很小，没法再摆放台灯，可以根据风格的需要选择小吊灯代替。也可考虑把照明灯光设计在背景中，用光带或壁灯都可以。

◇ 壁灯和台灯都是居住者靠在床上阅读的局部照明

◇ 如果床头柜上没有空间摆设台灯，可选择造型精致的小吊灯代替

◇ 利用床头背景设计左右对称的灯带

◇ 面积较大的卧室可采用吊灯与灯带结合的方式做空间的整体照明

衣柜的局部照明，是为了方便使用者在打开衣柜时，能够看清衣柜内部的情况。衣帽间需要均匀、无色差的环境灯，镜子两侧设置灯带，衣柜和层架应有补充照明。最好选用发热较少的 LED 灯具。

重点照明可以衬托出卧室床头墙上的一些特殊装饰材料或精美的饰品，这些往往需要筒灯烘托气氛。但需要注意灯光尽量只照在墙面上，否则躺在床上的人向上看的时候会觉得刺眼。

气氛照明可以营造助眠的氛围，通常桌面或墙面上是布置气氛照明的合适地点，例如桌子上可以摆放仿真蜡烛，营造情调；墙面上可以挂微光的串灯，营造星星点点的浪漫氛围。甚至还可以在床的四周低处使用照度不高的灯带，活用灯光，增加空间的设计感。

◇ 沿床的四周安装低照度的灯带，烘托卧室温馨浪漫的氛围

◇ 作为重点照明的筒灯起到突出床头墙上装饰画的作用，但注意灯光应投向墙面

◇ 走入式衣柜中除了顶部的整体照明之外，可在层板之间设置灯，拿取衣物时看得更清楚

05 书房照明

书房是家庭中阅读、工作、学习的重要空间，灯光布置主要把握明亮、均匀、自然、柔和的原则，不加任何色彩，这样不易疲劳。

间接照明能避免灯光直射所造成的视觉眩光伤害，所以书房照明最好能以间接光源来处理，如在顶面的四周安置隐藏式光源，这样能烘托出书房沉稳的氛围。

如果居住者经常会在书桌区域中进行书写、阅读，那么一定要让书桌区拥有足够明亮的照明光线，在这种情况下，最简单的照明设计方式是拉近灯光与书桌的距离，使灯光能够直接而准确地照亮书桌区，并且尽量选择较为护眼的白色或淡暖黄色光源。

◇ 书房照明除了光线要柔和明亮，还要避免眩光导致疲劳

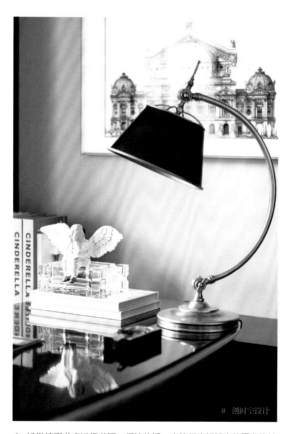

◇ 经常使用书桌进行书写、阅读的话，应使灯光能够直接而准确地照亮书桌区

◇ 通过筒灯与隐藏的灯带作为书房的光源，满足照明需要的同时还能起到烘托氛围的作用

书房中的灯具避免安装在座位的后方，如果光线从后方打向桌面，这样阅读会容易产生阴影。书桌上方可以选择具有定向光线的可调角度灯饰，既保证光线的强度，也不会看到刺眼的光源。台灯宜用白炽灯为好，功率最好在 60 W 左右为宜。

书柜中嵌入灯具进行补充照明可以提升房间的整体氛围，既可突出装饰物品，也能帮助找到想要的书。具体可根据书柜的实际格局，选择不同的嵌入式照明方式，借此来满足居住者不同方面的照明需求。

此外，若是在书房中的单人椅椅、沙发上阅读时，最好采用可调节方向和高度的落地灯。

◇ 书房的单人椅旁边适合放置可调节方向和高度的落地灯提供照明

◇ 书柜中加入灯光照明既可增加装饰作用，又可方便查书

◇ 具有定向光线的可调角度灯饰是书桌区域的常用照明

06 厨房照明

　　厨房照明以明亮实用为主,建议使用日光型照明。除了在厨房走道上方装置顶灯,满足走动时的需求,还应在操作台面上增加照明设备,以避免在操作时身体挡住主灯光线。安装灯饰的位置应尽可能地远离灶台,避开蒸汽和油烟,并且要使用安全插座。灯具的造型应尽可能地简洁,以方便擦拭。在光源上,通常采用能保持蔬菜水果原色的荧光灯为佳。

　　厨房的照明基本会用整体照明、操作区局部照明、收纳柜局部照明、水槽区局部照明来进行组合。整体照明最好采用顶灯或嵌灯的设计,并且采用不同的灯光布置形式,它既可以是一盏灯具带来的照明,也可以采用组合式的灯具布置。

　　厨房的油烟机上一般都带有 25~40W 的照明灯,使得灶台上方的照度得到了很大的提高。有的厨房在切菜、备餐等操作台上方设有很多柜子,也可以在这些柜子下面安装局部照明灯,以增加操作台的亮度。

◇ 厨房中的灯具应远离灶台的位置,同时宜选择表面不易氧化和生锈的材质

◇ 厨房的吊柜下方安装灯带,增加操作台的亮度

◇ 厨房的灯光设计首先要满足主妇的需求,其实更需要从实用性与安全性的角度出发

收纳吊柜的灯光设计也是厨房照明不可或缺的一个重要环节，在收纳吊柜内部的最上侧安装照明嵌灯即可。为了突出这部分照明效果，通常会采用透明玻璃来制作橱柜门，或者是直接采用无柜门设计。

厨房间的水槽多数都是临窗的，在白天采光会很好，但是到了晚上做清洗工作就只能依靠厨房的主灯。但主灯一般都安装在厨房的正中间，这样当人站着水槽前正好会挡住光源，所以需要在水槽的顶部预留光源。想要效果简洁点可以选择防雾射灯，想要增加点小情趣的话可以考虑造型小吊灯。

◇ 厨房临窗的水槽上方宜安装小吊灯作为辅助照明

小户型中，餐厨合一的格局越来越多见，选用的灯饰要注意以功能性为主，外形以现代简约的线条为宜。灯光照明则应按区域功能进行规划，就餐处与厨房可以分开关控制，烹饪时开启厨房区灯具，用餐时则开启就餐区灯饰。也可调光控制厨房灯具，工作时明亮，就餐时调成暗淡，作为背景光处理。

◇ 餐厨合一的空间照明宜以功能性为主

◇ 开放式厨房的光源多采用嵌入式筒灯的形式

07 卫浴间照明

卫浴间的灯饰设计以柔和为主，照度要求不高，要求光线均匀，灯饰本身还需有良好的防水功能、散热以及不易积水的功能，材料以塑料和玻璃为佳。由于卫浴间一般都比较狭小，容易有一些灯光覆盖不到的地方，因此，除主灯外，还应增加一些辅助灯光，如镜前灯、射灯。需要注意的是，在为卫浴间搭配灯饰时，其数量不能过多，并且要控制好亮度，以免让人缺乏安全感，尤其是沐浴的时候，柔和一点的灯光能让人放松心情。

大面积卫浴间的灯饰照明可以用壁灯、吸顶灯、筒灯等。由于干湿分离普遍较好，因此小卫浴间中不方便使用的射灯，在这里可以运用起来。射灯适合安装在防水石膏板吊顶之中，既可对准盥洗台、坐便器或浴缸的顶部形成局部照明，也可以巧妙设计成背景灯光以烘托环境气氛。

如果卫浴空间比较狭小，可以将灯饰安装在吊顶中间，这样光线四射，给人从视觉上有扩大之感。考虑到狭小卫浴间的干湿分区效果不理想，所以不建议使用射灯做背景式照明。

◇ 卫浴间的灯具应具备防水与防潮的性能，玻璃材质的灯罩是最常见的选择

◇ 大面积卫浴间可采用吊灯、壁灯、筒灯等多种组合的照明

通常情况下，如果对镜前区域的灯光没有过多要求，那么可考虑在镜面的左右两侧安装壁灯。如条件允许，也可在镜面前方安装吊灯，这样一来，灯光可直接洒向镜面。但同时要保证照明光线的柔和度，否则容易引起眩光。如为卫浴间搭配镜柜，可以在柜子上方和下方安装灯带，照亮周围空间。采用这种灯光处理方式，不仅能够提升镜边区域的照明亮度，还可大幅度提升镜面在空间中的视觉表现力。

盥洗台下方区域的灯光设计可把重点放在实用性上，例如可在盥洗台最下方的区域安设隐藏灯具，通过其所散发出的照明光线，为略显昏暗的卫浴空间提供安全性的引导照明。

在为坐便区选择照明灯饰时，应将实用性与简约性放在首位，即使仅为其安装一盏壁灯，就能带来良好的照明效果。

◇ 盥洗台的底部安装灯带，为采光不足的卫浴空间提供安全性的引导照明

◇ 梳妆镜左右两侧安装壁灯作为盥洗区域的光源

◇ 沿镜面上下方安装灯带是最常见的镜前照明形式

全案设计实战

软装全案设计师必备

PART

3

软装 家具 陈设

- FURNISHING -

- DESIGN -

第三章

　　家具的选择与布置既涉及居室环境的因素，又涉及家具本身的情况。除了考虑家具功能、尺寸、结构的实用性，还要考虑其造型与色彩的美观性等。如何根据空间的格局来安排家具并使之得到平衡与美感，也是精装房软装设计的重中之重。房间的或大或小，形状规则与否，门窗的方位朝向，面面俱到的考量才能得到理想的效果。

软装家具风格类型

FURNISHING
DESIGN

01 轻奢风格家具

各种各样的绒是由时装流传而来的材质，隐隐泛光的质感非常符合轻奢的气质，通常应用于家具的面料。无论喜欢什么形状的沙发或椅子，都可以把材质换成丝绒，精致还自带高级感。

烤漆家具光泽度很好，并且具有很强的视觉冲击力，似乎专为轻奢风格而生。此外，还可以为烤漆家具融入镜面、金属等材料，让其更加时尚耐看，光彩夺目。

整体为金属或带有金属元素的家具，不仅能营造精致华丽的视觉效果，而且以及富有设计感的造型，能让轻奢风格的室内空间显得更有品质感。此外，近年来大理石在家具设计中的运用也越来越多见，天然大理石和金属的碰撞，让轻奢空间更显立体感和都市感。

◇ 丝绒家具

◇ 金属家具

◇ 大理石家具

02 北欧风格家具

北欧风格家具以低矮简约的造型为主，在装饰设计上一般不使用雕花、人工纹饰，呈现出简洁、实用以及贴近自然等特征。此外，还会将各种实用的功能融入简单的造型中，从人体工程学角度进行考量与设计，强调家具与人体接触的曲线准确吻合。因此，不仅使用起来舒服惬意，还展现出北欧风格淡雅、纯粹的韵味与美感。

北欧人习惯就地取材，常选用桦木、枫木、橡木、松木等木料，加工时尽量将木材与生俱来的木质纹理、温润色泽和细腻质感完全地融入家具中。在颜色上也不会选用太深的色调，以浅淡、干净的色彩为主，最大限度地展现出北欧风格的自然气息。随着现代工艺的进步，北欧家具也会使用如玻璃、塑料、纤维等现代材料，并且在颜色搭配上更为灵活，以其多元的设计风格得到了更多年轻人的青睐。

◇ 北欧风格家具简洁流畅的线条，在装饰设计上一般不使用雕花、人工纹饰

◇ 北欧风格家具在造型简洁的同时，更注重各种实用的功能

◇ 贝壳椅

◇ 伊姆斯椅

◇ 呈现自然纹理的原木材质是北欧风格家具的最大特色之一

03 工业风格家具

工业风的空间对家具的包容度很高，可直接搭配金属、皮质、铆钉等材料的工业风家具，例如皮质沙发、做旧木箱、航海风的橱柜以及 Tolix 椅等。

工业风格的桌几常使用回收旧木或金属铁件进行制作，质感上较为粗犷，茶几或边几在挑选上应与沙发材质有所连接，以形成视觉上的关联感。

工业风格的餐桌常出现实木或拼木桌板配铁制桌脚，切记桌脚的造型要跟空间中的主要线条相互配合，才不会产生不协调的突兀感。

很多工业风格的餐桌、书架、储物柜以及边几的底部经常带有轮子，不仅实用而且灵活度高。皮革沙发通常有金属脚的结构，可选择金属搭玻璃、金属搭木质、金属搭大理石等。

◇ 利用回收旧木制作的床头柜，质感上较为粗犷

◇ 工业风格金属家具　　◇ 工业风格皮质家具

◇ 带有轮子的做旧木质茶几不仅实用，而且灵活度高

◇ 表面带有磨旧质感的皮质沙发能更好地展现复古的感觉

04 日式风格家具

日式风格家具一般比较低矮,而且偏爱使用木质,如榉木、水曲柳等。在家具造型上十分简洁,既没有多余的装饰与棱角,又能在简约的基础上创造出和谐自然的视觉感受。提起日式家具,让人立即想到的就是榻榻米以及日本人跪坐的生活方式,这些典型的特征,都给人以非常深刻的印象。

明治维新后,西式家具和装饰工艺对日本家具产生了极大的影响,以其设计合理、功能完善,并且符合人体工学,对传统日式家具形成了巨大的冲击。时至今日,西式家具在日本仍然占据主流,但传统家具并没有消亡,因此日式风格家居在家具的选择上,形成了日式与西式结合的搭配手法,并为绝大多数人所接受,而全西式或全和式都很少见。

日式现代家具清新、秀丽,把东方的神韵和西方的功用性、有机造型相结合。形体上多为直角、直线型设计,线条流畅。制作工艺精致,使用材料考究,多使用内凹的方法把拉手隐藏在线脚内。家具在色彩的采用上多为原木色,旨在体现材质最原始最自然的形态。

◇ 传统日式家具

◇ 现代日式家具

◇ 富有禅意的茶桌具有独特的茶道禅宗气质

◇ 日式家具的特点是简约、自然、平实舒适且富有质感

05 美式风格家具

美式家具在展现出怀旧情怀的同时又有着极强的个性，表达了美国人向往自由，热衷于创新的精神。此外，美式家具在设计风格上极具包容性，并且追求实用、舒适、贴近大自然，所以非常具有亲切感。传统的美式家具为了顺应美国居家空间大与讲究舒适的特点，给人的感觉大多都很粗犷。皮质沙发、四柱床等都是经常用到的美式家具，虽然尺寸比较大，但实用性都非常强。现代美式家具油漆以单一色为主，家具的制作材料以木质居多，并且偏爱树木在生长期中产生的特殊纹理，强调木质自身的纹理美，因此不适合大面积使用雕刻，一般在家具上的边脚、腿部等处做小幅度雕饰作为点缀即可。

美式风格的沙发表面多为质地饱满的布料或皮革款式，复古气息浓厚，细节部分则加入铆钉，强调细致特色。此外，矮柜作为美式家具的一种，使用普遍性较高，且兼具实用收纳和陈设的功能。简洁的框纹符合任何空间的架构，经过时光沉淀后，仿旧和本身木质纹理是最好的装饰。

◇ 温莎椅是美式乡村风格标志性的家具之一

◇ 传统美式殖民地时期长椅

◇ 现代美式风格沙发

◇ 做旧工艺的家具可以塑造出历史延续的效果

◇ 美式风格家具不仅体积庞大，而且讲究厚重感

06 法式风格家具

　　法式风格的家具除了常见的白色、黑色、米色外，还会选择性的使用金色、银色、紫色等极富有贵族气质的色彩，给家具增添贵气的同时，也带来了一丝典雅气质。从造型上看，法式风格的家具在线条上一般采用带有一点弧度的流线型设计，如沙发的沙发脚、扶手处，桌子的桌腿，床的床头、床脚等，边角处一般都会雕刻精致的花纹，尤其是桌椅角、床头、床尾等部分的精致雕刻，从细节处体现出法式家具的高贵典雅。一些更精致的雕花会采用描银、描金处理，金、银的加入让法式风格的家具更显精致、贵气。

蛙无界设计

◇ 法式巴洛克时期书柜　　◇ 法式洛可可时期写字台

御瀚设计

◇ 法式风格的家具在线条上一般采用带有一点弧度的流线型设计，给人以一种华贵气质

◇ 法式风格家具上的雕花通常会采用描银或描金的处理

07 新中式风格家具

　　新中式风格家具摒弃了传统中式家具的繁复雕花和纹路，运用现代的材质及工艺，去演绎传统中国文化中的精髓，使家具不仅拥有典雅、端庄的中国气息，而且具有明显的现代特征。新中式家具设计在形式上简化了许多，通过运用简单的几何形状来表现物体，多以线条简练的仿明式家具为主。与传统中式家具最大的不同就是，新中式家具虽有传统元素的神韵，却不是一味照搬。例如传统文化中的象征性元素，如中国结、山水字画、青花瓷、花卉、如意、瑞兽、祥云等，常常出现在新中式家具上。但是造型更为简洁流畅，既透露着浑然天成的气息，又体现出巧夺天工的精细。

　　在材料上，新中式家具所使用的材质不仅仅局限于实木这一种材质，如玻璃、不锈钢、树脂、UV材料、金属等也常被使用。现代材料的使用丰富了新中式家具的时代特征，增强了中式家具的艺术表现形式，使新中式元素具有新时代的气息。

◇ 新中式家具设计在形式上简化了许多，多见直线条的造型

◇ 新中式家具上经常出现传统文化中的象征性元素

◇ 金属、大理石等新材料在新中式家具中的应用越来越广泛

08 后现代风格家具

后现代家具不像现代家具那般注重功能、简化形态、反对过多的装饰。而是注重装饰的要求、反而轻视功能以及形体构成上的游戏心态、近乎怪诞。也就是说后现代家具是指形式奇怪、色彩狂躁、技术暴露的家具。

后现代家具有轻功能、重装饰的特点，突破了传统家具的烦琐和现代家具的单一局限，注重个性以及创造性的表现，常使用具有反光功能的新材料，比如金属、玻璃、亚克力等，让居家充满戏剧感和趣味性，表达不破不立的生活态度。使空间拥有自己独特的风格与艺术追求。

随着家具行业的不断发展，后现代风格家具的设计也呈现出日新月异的趋势。在后现代风格的空间添加一些奇妙的异形家具，能为家居生活带来意想不到的惊喜。这种造型独特、突破传统常规的家具设计，带来了一种全新的感觉和生活体验。

◇ 后现代风格的家具有轻功能、重装饰的特点

◇ 后现代风格空间常见造型独特、突破传统常规的家具设计

09 东南亚风格家具

东南亚家具在设计上逐渐融合西方的现代概念和亚洲的传统文化，通过不同的材料和色调搭配，令其在保留了自身的特色之余，产生更加丰富多彩的变化。

取材自然是东南亚风格家具最大的特点，常以水草、海藻、木皮、麻绳、椰子壳等粗糙、原始的纯天然材质进行制作，带有热带丛林的味道。在制作家具时，常以两种以上不同材料混合编织而成，如藤条与木片、藤条与竹条等，工艺上以纯手工打磨或编织为主，完全不带一丝现代工业化的痕迹，而且材料之间的宽、窄、深、浅，形成有趣的对比，犹如一件手工艺术品般美观。在家具色泽上保持自然材质的原色调，大多为褐色等深色系，在视觉上给人以质朴自然的气息。

◇ 藤质家具既符合东南亚风格追求自然的诉求，也能彰显源自天然的质朴感

◇ 以中式圈椅为原型，融入东南亚风格元素的单椅

◇ 雕刻精美的纯实木家具独具东南亚特有的民族风情

10 地中海风格家具

地中海风格家具往往会以做旧的工艺，展现出风吹日晒的自然美感。在家具材质上，一般选用自然的原木、天然的石材或者藤类，还有独特的锻打铁艺家具，也是地中海风格常见的搭配。

地中海风格家具非常重视对木材的运用并常保留木材的原色，同时也常见其他古旧的色彩，如土黄、棕褐色、土红色等。如果是户型不大的地中海风格空间，最好选择一些比较低矮的家具，让视线更加开阔。同时，家具的线条应以柔和为主，可选择一些圆形或椭圆形的木质家具，让空间显得更加柔美清新。在给家具搭配布艺及配饰时，可选择一些素雅的图案，以突显出地中海风格所营造的自然氛围。

◇ 最能体现复古风情的铁艺床也是地中海风格的产物

◇ 船形家具以其独特的造型让人感受到来自地中海的海洋风情

◇ 做旧处理工艺的家具仿佛带有被海风吹蚀的自然印迹

第二节

软装家具陈设重点

FURNISHING
DESIGN

Point

01 家具陈设中的二八法则

　　家具陈设时最好忘记品牌的概念，建议遵循二八搭配法则。意思就是空间里 80% 的家具使用同一个风格或时期的款式，而剩下的 20% 可以搭配一些其他款式进行点缀，例如可以把一件中式风格家具布置一个现代简约风格的空间里面。但有些款式并不能用在一起。例如维多利亚风格的家具，与质朴自然的美式乡村家居格格不入，但和同样精致的法式、英式或东方风格的传统家具搭配时就很搭调；而美式乡村风格的家具和现代简约风格的家具就可以搭配在一起。

◇ 同一个空间中，家具混搭应遵循二八搭配法则

Point

02 家具平面布置与立面布置

　　家具的平面布置与其立面布置是紧密相关的，不能将二者断然分开。例如，在考虑家具平面布置的均衡与合理的同时，还必须从空间布局上加以对比，不能将高大家具并排布置，以免和低矮家具造成强烈的对比，失去高度上的平衡，而应在满足平面布局的基础上，尽可能做到家具的高低相接，大小相配，以形成高低错落的韵律感。

　　同样，在考虑家具的立面布置时也要兼顾到家具的平面布置。家具应均衡地布置于室内，若一角放置很多家具，而另一角则比较空旷，那么，即使在立面布置上做到了高低错落有致，但在平面布局上也是不能接受的。

◇ 从立面上看，同一区域内布局的家具应形成高低错落的视觉感

03 家具尺寸与空间比例

　　首先选择家具不能只看外观，尺寸的合适与否也是很重要的，往往在卖场看到的家具总会感觉比实际的尺寸小。觉得尺寸应该正合适的家具，实际上大一号的情况也时有发生。所以，有必要事先了解家具实物，在掌握家具尺寸后，回去后再认真考虑。其次要按一定比例放置家具。室内的家具大小、高低都应有一定的比例。这不仅是为了美观，而更重要的是关系到舒适和实用。如沙发与茶几、书桌与书椅等，它们虽然是两件家具，使用时却是一个整体。如果大小高低比例不当，既不美观，又不实用、舒适。

　　各种家具在室内占有的空间，不能超过50%，否则会影响室内空气的正常流通。如果从美学的角度来讲，一般家具占空间的1/3，应该是最好看的。客厅中沙发所占面积不要超过客厅总面积的1/4，太大了会在视觉上产生一种拥挤的感觉。床与卧室面积的比例不宜超过1：2，一味追求大床而忽略与空间的关系，只会适得其反。书房中书柜这种重要家具，因为空间功能性专一，选择时要针对自己已有的书籍和将来要添置的书籍决定书柜的样式大小。书柜与书桌的高度比例也要协调。

◇ 布置客厅家具时，应把沙发与茶几作为一个整体考虑尺寸比例

◇ 家具在布局前应考虑好与空间的比例关系，形成整体感的同时，让每一处区域分工有序、层次分明

◇ 书柜与书桌的高度比例协调是书房空间软装布置的重点

04 家具陈设与照明的关系

软装家具的陈设不仅不能影响到自然采光,而且要保证照明灯饰的合理分布,不能因家具的摆放产生灯光的强弱分布,从而影响到室内的光线布局。照明灯饰的设计和家具摆设要同时考虑,家具的摆设不能影响到照明灯饰的使用,例如平层公寓的卧室里的吊灯最好不要安装在床的正上方,否则人站在床上时就有可能顶到吊灯。

很多室内空间会选择使用射灯来突出某一个区域的装饰元素,在这样的空间内,如果搭配表面光滑的家具,会形成强烈的光线反射,而过高的光线反射会对视力造成较大的影响。因此可考虑搭配哑光家具,以便更好地改变光的传播路线,有利于保护视力。

05 家具陈设的视线调整

在室内设计中,选择较低的家具来收纳物品时,向前或者向后看的视线都不会被遮挡,这样就会感觉空间比实际的空间的面积更宽敞。同时还要注意将高家具摆放在房间摆放在房间角落或者靠墙位置,这样不会给人压迫感。

布置家具时,立体方位也是一个重点。坐在餐桌旁边时,如果能看见厨房的整个水槽,或者看见厨房摆放的杂乱东西,可能会心情不畅快。在这种情况下,只需改变一下餐桌的朝向,使视线避开水槽就可以了。此外,坐在椅子上时,进入眼帘的景观也需要考虑;

坐在沙发上时,餐厅桌椅下的脚是否可以看到,杂乱的厨房是否能够看到,这些问题也需要提前规划。要尽量让视线向窗外或墙面的装饰画上集中,然后据此配置各种椅子类的家具。

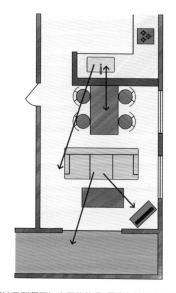

◇ 从厨房可以看到餐厅与客厅的状况,但坐在沙发上却看不到厨房,通常房间内空间不足时,可将视野向室外延伸

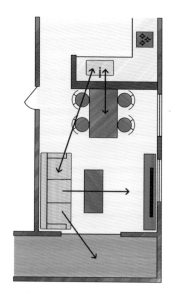

◇ 坐在沙发上直视,只能看到厨房中的一小处,同时也可以看到室外,给人以恰到好处的开阔感

软装家具陈设内容

FURNISHING
DESIGN

01 沙发类家具陈设

◆ 沙发陈设位置

　　沙发是室内空间最为重要的家具之一，而且其外形对整个客厅空间的设计风格有至关重要的影响。由于每个家庭的户型格局都有所差异，因此，如何搭配以及摆放沙发是设计时需要考虑的重点。

　　如果先装饰电视墙，然后再把沙发放在对面，这时可能遇到沙发摆放受到房间尺寸的限制，造成观影效果不佳的情况。因此，装饰时需先摆好沙发，这样电视机的位置也就轻松确定了，同时可以根据沙发的高低确定壁挂电视高低，减小了观影时的疲劳感觉。

　　沙发直接对着门的摆法很没有私密性，所以建议把沙发摆在门侧。摆在窗户前面的沙发，可以稍微转换一下摆放角度，或者和窗户稍微错开一点，避免直

接靠在窗户前面。沙发的靠背应高过窗台，这样坐在沙发上的人就不会被窗台碰伤，提高了安全系数。如果沙发的一侧是窗户，可以使人在很好地利用自然光线的同时又不受阳光的困扰，是沙发在客厅中的最佳摆法。

◇ 一字形主沙发的两旁最好能各留出 50cm 的宽度来摆放边桌或边柜

◇ 摆在窗户旁的沙发靠背应高过窗台

◇ 先摆设沙发再确定电视机的位置和壁挂电视的高低

◆ 沙发陈设方案

I 形		将沙发沿客厅的一面墙摆开呈一字形，前面放置茶几。这样的布局能节省空间，增加客厅活动范围，非常适合小户型空间。如果沙发旁有空余的地方，可以再搭配一到两个单椅或者摆上一张小角几。
L 形		先根据客厅实际长度选择双人或者三人沙发，再根据客厅实际宽度选择单人扶手沙发或者双人扶手沙发。茶几最好选择长方形的，角几和散件则可以灵活选择要或者不要。
U 形		U 形摆放的沙发一般适合面积在 40m² 以上的大客厅，而且需为周围留出足够的过道空间。一般由双人或三人沙发、单人椅、茶几构成，也可以选用两把扶手椅，要注意座位和茶几之间的距离。
面对面形		将客厅的两个沙发对着摆放，适合不爱看电视的居住者。如果客厅比较大，可选择两个比较厚重的大沙发对着摆放，再搭配两个同样比较厚实的脚凳。
围合形		以一张大沙发为主体，再为其搭配多把扶手椅，形成一个围合的方形。四面摆放的家具如三人／双人沙发、单人扶手沙发、扶手椅、躺椅、榻、矮边柜等，可根据实际需求随意搭配。

02 床类家具陈设

卧室的主要功能就是休息，所以睡眠区是卧室的重中之重，而睡眠区最主要的软装配饰就是床，它也是卧室空间中占据面积最大的家具。在设计卧室时，首先要设计床的位置，然后依据床位来确定其他家具的摆放位置。也可以说，卧室中其他家具的设置和摆放位置都是围绕着床而展开的。

通常布置卧室的起点，就是选择适合的床。除非卧室面积很大，否则别选择加大双人床。因为一般人都不大清楚空间概念，如果在选购前想知道所选的床占了卧室多少面积，可以尝试简单的方法：用胶带将床的尺寸贴在地板上，然后在各边再加30cm宽，这样的大小可以让人绕着床走动。

一般住宅中的卧室都是方形或长方形的，其中有一面墙带有窗户。在这种格局的卧室里，可以将床头靠在与窗垂直的两面墙中的任意一面。当然，如果追求个性化，还需要参考开门的方向、主卫的位置、衣柜的位置等，做到因地制宜。

大户型卧室摆放床时可以选择两扇窗离得较远一点，中间墙面足够宽的区域，将床头放置在两窗之间靠墙的位置。

◇ 带窗户的正方形或长方形卧室，可以将床头靠在与窗垂直的两面墙中的任意一面

◇ 斜顶空间应根据顶面高度与开窗位置摆设睡床

◇ 如果床头两侧定制衣柜，需要在摆设睡床时计算好尺寸

03 桌几类家具陈设

◆ 餐桌

正方形的房间不太适合放置长条形的餐桌，长方形的房间不适宜放圆形餐桌。如果房子活动范围够大的话，还可以用一个大的实木桌同时代替餐桌和工作桌。餐桌大多数的装饰点在桌脚，在选择的时候，注意观察桌脚是否与整个环境其他的家具的脚相融。现在有很多可拆分或者可伸缩的多功能桌子，能够根据使用人数来变换。

大户型中的餐桌可考虑居中陈设，在考虑餐桌的尺寸时，还要考虑到餐桌离墙的距离，一般控制在 80cm 左右比较好，这个距离是包括把椅子拉出来，以及能使就餐的人方便活动的最小距离。有些小户型中，为了节省餐厅极其有限的空间，将餐桌靠墙摆放是一个很不错的方式，虽然少了一面摆放座椅的位置，但是却缩小了餐厅的范围，对于两口之家或三口之家来说已经足够了。要想将就餐区设置在厨房，需要厨房有足够的宽度，通常操作台和餐桌之间，甚至会有一部分留空，可折叠的餐桌是一种不错的选择。可以选择靠墙的角落来放置，这样既节省空间，又能利用墙面扩展收纳空间。

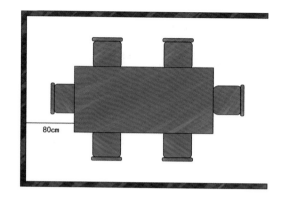

◇ 餐桌居中布局

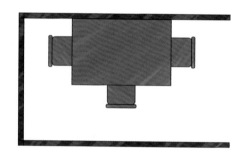

◇ 餐桌靠墙布局

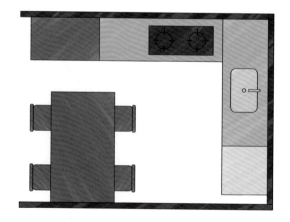

◇ 餐桌于厨房中布局

◆ 书桌

　　书桌的摆设位置与窗户位置具有密切的关系，一要考虑灯光的角度，二要考虑避免电脑屏幕的眩光。很多书房中都有窗户，书桌常常被设计面对窗户的方向，过量的室外光容易让人分散精神。并且当电脑屏幕背对窗户时，也容易因为光线的干扰而影响视觉效果，难以集中精神。因此，无论是办公桌还是阅读椅，人坐的方向最好背向或侧向窗户光源，才更符合阅读需求。

　　在一些小户型的书房中，将书桌摆设在靠墙的位置是比较节省空间的。由于桌面不是很宽，坐在椅子上的人脚一抬就会踢到墙面，如果墙面是乳胶漆的话就比较容易弄脏。因此设计的时候应该考虑墙面的保护，可以把踢脚板加高，或者为桌子加个背板。

　　面积比较大的书房中通常会把书桌居中放置，大方得体。造型别致的书桌成为书房空间的主角显得大方得体，但随之而来的是插座网络等插口的问题。这里可设计在离书桌较近的墙面上；也可以在书桌下方铺块地毯，接线从地毯下面过；或者干脆做地插，位置不要设计在座位边上，尽量放在脚不易碰到的地方。

◇ 书桌靠墙摆设应考虑对墙面的保护

◇ 居中摆设的书桌应事先预留好插座、网络等插口

◇ 书桌与窗户垂直摆设，窗外的光源才更符合阅读需求

◆ 梳妆桌

梳妆桌是供梳妆美容时使用的家具。在现代家庭中，梳妆桌往往兼具写字台、床头柜、边几等家具的功能。如果配以面积较大的镜子，梳妆桌还可扩大室内虚拟空间，从而进一步丰富室内环境。梳妆桌的台面尺寸通常是40cm×100cm，这样易于摆设化妆品，如果梳妆桌的尺寸太小，化妆品都摆放不下，会给使用带来麻烦；梳妆桌的高度一般要在70~75cm，这样的高度比较适合普通身高的使用者。

梳妆桌位置的摆放比较灵活，可根据房间整体找到最合适的位置，最好放置于自然光线分布较为均匀的地方。需要注意的是，不能将梳妆桌放置于阳光直射的地方，一方面化妆品受阳光照射容易变质，另一方面实木梳妆台在阳光的直射下也容易变形开裂。

御融设计

◇ 梳妆台功能实用，搭配梳妆镜后更能放大卧室的视觉空间

◇ 独立式梳妆桌

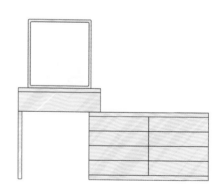

◇ 组合式梳妆桌

◆ 茶几

为室内搭配茶几的原则是低而平，其标准为人坐在沙发中，茶几高不过膝，而且摆放在沙发前面的茶几必须有足够的空间，让人的腿能够自由活动，同时还要注意动线顺畅。

确定茶几的尺寸应以与之相配的家具为参照，例如狭长的空间放置宽大的正方形茶几难免会有过于拥挤的感觉。大型茶几的平面尺寸较大，因此其高度就应该适当降低，以增加视觉上的稳定感。茶几的高度一般要等于或略低于沙发扶手的高度，茶几过高不但会阻碍人的视线，而且不便于放置如茶杯、书籍等物品。如果找不到合适的茶几高度，那么宁可选择矮点的高度，也不要选择高的茶几。

◇ 通常茶几的桌面高度要等于或略低于沙发扶手的高度

◇ 单层茶几

◇ 双层茶几

◇ 圆形茶几

◇ 方形茶几

◇ 茶几是客厅中不可或缺的小家具，起到装饰与实用的双重功能

对于没有扶手的沙发来说，茶几高度有两种选择方案。一是选择茶几的高度在大概的沙发扶手高度；二是茶几的高度等于沙发的座面高度。可以根据自己的喜好和空间的整体布局来任意选择其中一种方案。

◆ 边几

边几是客厅中的常见家具，一般为正方形或者圆形，摆放在两个沙发之间，既可以在上面摆放一些小东西，也可以作为装饰物元素。边几的主要作用是填补空间，小户型客厅中常以边几代替茶几放置台灯、手机、报刊等物品。

边几通常分为储物型和装饰型两种类型：储物型边几带有明显的储物功能，抽屉可以摆放一些小的物件，台面位置无论是摆放精美台灯还是装饰花都是不错的选择，此类边几尺寸不易过大，防止视觉效果过于笨重。装饰性边几常见于欧式风格或现代风格中，搭配一些装饰线条，可以将整个空间氛围表达得很好。此类角几的实用性没有储物性角几好，仅可用台面和中空部分，但其装饰效果却大于储物性角几。

边几的摆设取决于空间的大小，通常桌面不应低于最近的沙发或椅子扶手5cm以上，高度一般在70cm左右，不同高度可以搭配出不一样的效果。

◇ 角几可以填补客厅的死角，同时用来摆设台灯、插花及各类小摆件

◇ 储物型角几　　　　　◇ 装饰性角几

04 椅凳类家具陈设

◆ 单椅

单人椅一般是客厅家具的一部分,摆完沙发之后,通常就是单人椅的配置,因为单人椅能立即在空间内营造出不同个性。主要座位区范围里的每张椅子,都要放在手能伸到茶几或边桌的距离内。

长方形的客厅内,单椅可以放置在沙发的左右两侧,但若左侧是门的入口,建议不要摆放单椅。正方形的客厅内,单椅摆放时只要不挡住动线就可以,和单人沙发、长沙发一起可按照三角形的方式摆放,单椅、单人沙发甚至跨出客厅空间的框线都不要紧,可以扩大空间感。

单人椅可以选择与沙发不同的颜色和材质,装点客厅彩度,活泼氛围。中小户型客厅中最常用的形式是一字形沙发配两张单椅,而且两张单椅也不要一样。

◇ 单人椅通常选择与沙发不同的颜色和材质

◇ 现代风格客厅中,单人椅的摆设位置通常比较随意

◇ 造型出彩的单人椅往往能成为空间中的点睛之笔

◆ **经典单椅**

蛋椅		蛋椅采用了玻璃钢的内坯，外层是羊毛绒布或者意大利真皮，内部则填充了定型海绵，增加了使用时的舒适度，而且耐坐不变形。此外，还加上精心设计的扶手与脚踏，使其更具人性化。
潘顿椅		潘顿椅也被称作美人椅，它是全世界第一张用塑料一次模压成型的S形单体悬臂椅。潘顿椅外观时尚大方，有种流畅大气的曲线美，其舒适典雅符合人体的身材。同时潘顿椅的色彩也十分艳丽，具有强烈的雕塑感。
Y形椅		Y形椅由椅子设计大师 Hans J. Wegner 设计，其名字源于其椅背的Y字形设计。此外，Y形椅的设计灵感还借鉴了明式家具，其造型轻盈而优美，因此不仅实用还非常美观。
中国椅		由汉斯·瓦格纳在1949年设计，灵感来源于中国圈椅，从外形上可以看出是明式圈椅的简化版，唯一明显的不同是下半部分，没有了中国圈椅的鼓腿彭牙、踏脚枨等部件，符合其一贯的简约自然风格。
天鹅椅		天鹅椅于1958年由丹麦设计师雅各布森所设计，其流畅的雕刻式造型与北欧风格的传统特质加以结合，展现出了简约时尚的生活理念。
孔雀椅		孔雀椅由丹麦著名的设计师汉斯维纳所设计，它具有后现代主义的仿生特征，由于其椅背形似孔雀，因而得名。孔雀椅的灵感源泉是17世纪流行于英国的温莎椅，经过独特创新的思维，将其重新定义并设计出更为坚固的整体结构。

◆ 餐椅

餐椅的造型及色彩要尽量与餐桌相协调，并与整个餐厅格调一致。餐椅一般不设扶手，这样在用餐时会有随便自在的感觉。但也有在较正式的场合或显示主座时使用带扶手的餐椅，以展现庄重的气氛。餐椅如果选择扶手，在就餐时可将胳膊放在上面，感觉会更舒适，如果餐厅空间较大，这是个比较好的选择。但注意如果餐厅较小，就要确认扶手是不是会碰到桌面，如果碰到桌面的话，无法将餐椅推到桌子下面，就会更占用空间，不适宜选择。

空间足够大的独立式餐厅，可以选择比较有厚重感的餐椅以与空间相匹配。中小户型中的餐厅如果要增加储藏量，同时又希望营造别样的就餐氛围，可以考虑用卡座的形式替换掉部分的餐椅，结合混搭的餐桌，营造了轻松惬意的就餐氛围。同时卡座内部具有储藏功能，还起到了增强空间的收纳性的作用。

◇ 带有扶手的餐椅适合展现庄重的气氛

◇ 用卡座的形式替换掉部分的餐椅，增加收纳性

◇ 根据圆弧形墙面现场定制的餐椅

◆ 吧椅

吧椅一般可分为有旋转角度与调节作用的中轴式钢管椅和固定式高脚木制吧椅两类,在选购吧台椅时,要考虑它的材质和外观,并且还要注意它的高度与吧台高度的搭配。通常吧椅的尺寸是要根据吧台的高度和整个酒吧的环境来定的。吧椅的样式虽然多种多样,但是尺寸相差都不是很大。一般可升降的吧椅可升降的范围是在 20cm 之内,具体根据个人的喜好来定。但是有时会因为环境的需要选择没有升降功能的吧椅,一般吧椅高度是 60~80cm,吧椅面与吧台面应保持 25cm 左右的高差。

吧椅与吧台下端落脚处,应设有支撑脚部的构件,如钢管、不锈钢管或台阶等;另外,较高的吧椅宜选择带有靠背的形式,能带来更舒适的享受。

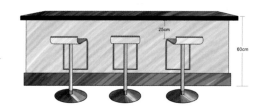

◇ 吧椅常规尺寸

◇ 轻奢风格金属吧椅

◇ 北欧风格木质餐椅

◆ 床尾凳

床尾凳是没有靠背的一种坐具，一般摆放在卧室睡床的尾部，具有起居收纳等作用，最初源自西方，供贵族起床后坐着换鞋使用，因此它在欧式风格的室内设计中非常常见，适合在主卧等开间较大的房间中使用，可以从细节上提升居家品质。

床尾凳的尺寸通常要根据卧室床的大小来决定，高度一般跟床头柜齐高，宽度在很多情况下与床宽不相称。但如果使用者为了方便起居的话，选择与床宽相称的床尾凳比较合适。如果单纯将床尾凳作为一个装饰品，那么选择一款符合卧室装修风格的床尾凳即可，对尺寸则没有具体要求。床尾凳常规尺寸一般在1200mm×400mm×480mm左右，也有1210mm×500mm×500mm以及1200mm×420mm×427mm的尺寸。

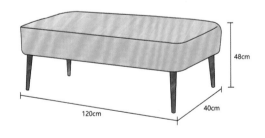

◇ 床尾凳常规尺寸

◇ 床尾凳适用于面积较大的卧室空间，具有提升居家品质的作用

◇ 床尾凳在具有仪式感的卧室空间中较为常见，实用的同时富有装饰性

全 案 设 计 实 战

软 装 全 案 设 计 师 必 备

PART

4

布
艺
织
物
搭
配

-FURNISHING-

-DESIGN-

第
四
章

　　布艺设计是指在布艺织物的基础上，经过设计师的设计与二次加工，达到一定的艺术效果，并且满足人们日常生活及审美的需求。在室内空间中，布艺织物是除家具以外面积最大的软装配饰之一。合理搭配布艺织物不仅能柔化室内空间生硬的线条，而且在美化居住环境上起着重要的作用。其中窗帘、床品、地毯、抱枕等都属于布艺装饰的范畴。

第一节

布艺搭配基础

FURNISHING

DESIGN

Point

01 布艺搭配原则

在设计软装布艺时，要考虑与室内其他装饰的协调与融合。其色彩、款式、意蕴等表现形式，要与室内装饰风格相统一。如色彩浓重、花纹繁复的布艺适合欧式风格的空间；具有鲜艳彩度或简洁图案的布艺，能衬托现代感强的空间；而在中式风格的室内空间中，最好用带有中国传统图案的布艺来陪衬。

在搭配布艺的色彩时，应结合家具色彩确定一个主色调，使居室整体的色彩、美感协调一致。布艺色彩的搭配原则通常是窗帘参照家具、地毯参照窗帘、床品参照地毯、小饰品参照床品。如果同时使用几种布艺，则应从中选定一种作为室内装饰的主要织物。通常一种织物本身就包含了好几种色彩，而将不同的色彩剥离出来重新安排，能为室内空间营造出个性独特的氛围。

软装布艺的尺寸要合理适中，其大小、长短要与空间、悬挂的立面尺寸相匹配，并在视觉上取得平衡感。例如购买窗帘前的丈量原则就是从窗帘杆量起，并将钩子的长度计算在内，而不是从窗户上缘开始量起。窗帘的长度应超过窗台，具体超过多少参考居室整体风格。一般来说，垂直到地上的窗帘可以让空间看起来较正式，也可以凸显窗户在空间中的存在感。

◇ 中式风格空间适合选择带有中国传统图案的布艺

◇ 现代风格空间适合尝试选择高纯度色彩的布艺

在软装设计中，布艺装饰所占据的比例很大。因此，布艺纹样的选择不仅能影响室内装饰的整体基调，而且对空间氛围的营造有着至关重要的作用。不同的室内装饰风格以及功能空间，对布艺纹样的搭配都有不同的要求。因此，在设计时应进行多方面的考虑后再进行选择，已达到最为合理有效的装饰效果。

◆ 卷草纹纹样

卷草纹又称卷枝纹或卷叶纹，由忍冬纹发展而来，以柔和的波曲状线组成连续的草叶纹样装饰带。卷草纹并不是以自然中的某一种植物为具体对象的。如同中国人创造的龙凤形象一样，是集多种花草植物特征于一身，经夸张变形而创造出来的一种意象装饰样式。因此，卷草纹寓意着吉利祥和、富贵延绵。

◆ 回纹纹样

回纹是中国传统装饰纹样，由古代陶器和青铜器上的水纹、雷纹、云纹等演变而来。回纹由横竖短线折绕组成的方形或圆形的回环状花纹，形如"回"字，因而得名。回纹造型丰富，方圆兼具，变化多端。有单体、有双线、一正一反相连成对、或连续不断地折成回字形的带状纹样，图案灵活、壮丽、大方。由于一线到底，有着福寿吉祥、长远绵连之意。

◆ **佩斯利纹样**

　　佩斯利花纹又称火腿纹或腰果纹，是辨识度最高的布艺装饰图案之一，由圆点和曲线组成。内部和外部都有精致细腻的装饰细节，曲线和中国的太极图案有点相似。这种来自印度的古老纹样寓意吉祥美好，外形细腻华美，在很多布艺纹样上都能体现，如印度风格、欧洲古典风格、波希米亚风格等。

◆ **大马士革纹样**

　　大马士革纹样是一种写意的花形，表现形式也千变万化。现在人们常把类似盾形、菱形、椭圆形、宝塔状的花形都称作大马士革纹样。由于罗马文化盛世时期，大马士革纹样普遍装饰于皇室宫廷、高官贵族府邸，因此带有一种帝王贵族的气息，也是一种显赫地位的象征。大马士革纹样是欧式风格设计中出现频率最高的元素，有时美式、地中海风格也常用这种纹样。

◆ 莫里斯纹样

莫里斯纹样以装饰性的植物题材作为主题纹样的居多，茎藤、叶属的曲线层次分解穿插，互借合理，排序紧密，具有强烈的装饰意味，可谓自然与形式统一的典范。莫里斯图案具有丰富的美感，色彩统一素雅，以白色、米色、蓝色、灰色或红色为主体，有着中世纪田园风格的美感。

◆ 菱形纹样

菱形纹样很早就被人们所运用，早在 3000 多年前马家窑文化时期的彩陶罐就用了菱形作为装饰，在苏格兰，菱形图案是权力的象征，苏格兰服装的经典菱格如今仍在广为流传。如今菱形纹样更是经久不衰地活跃在一些奢侈品的皮具上，因为菱形图案本身就具备了均衡的线面造型，基于它与生俱来的对称性，从视觉上就给人心理稳定、和谐之感。

◆ 条纹纹样

条纹纹样跳跃性不强，其装饰性介于格子与纯色之间。垂直条纹可以让房间看起来更高，水平条纹可以让房间看起来更大。如追求个性，搭配对比鲜明的黑白条纹，可以吸引足够的目光；如果追求柔和的装饰效果，那么就选择淡色或者使用同一色系的深浅不同的色调；条纹除了可以平衡空间的颜色，还能作为百搭纹样来和其他元素做搭配，如果在床品上找不到适合的布艺纹样，那么选择条纹图案会是个不错的选择。

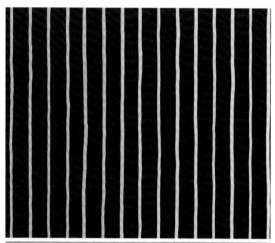

◆ 格纹纹样

格纹是由线条纵横交错而组合出的纹样，它特有的秩序感和时髦感让很多人对它情有独钟。格纹没有波普的花哨，多了一份英伦的浪漫，如果室内巧妙地运用格纹元素，可以让整体空间散发出秩序美和亲和力。

格纹沙发椅更多运用在欧式、美式风格家居，给人一种略带俏皮的感觉。格纹抱枕常用在搭单色调居室中，从视觉上饱满了单色的感官度，同时因格子本身的时尚气质，提升了整个家居品位。但因为格纹跳跃而显眼，所以尽量避免大面积的使用，尤其是大型的格子，适当点缀效果不错，但是用在床品、窗帘等大面积的地方要谨慎。

◆ 碎花纹样

碎花纹样是小清新的最爱，也是田园风格软装布艺的主要元素。无论是浪漫的韩式田园风格家装，还是复古的欧式田园风格，碎花图案的布艺沙发都是常见的家具。如果采用碎花窗帘，最好是和碎花纱帘一起使用，这样才能搭配出完美效果。

把碎花纹样应用到家居设计中时，需注意一个空间中的碎花纹样不宜用太多，否则就会显得杂乱。如果大小相差不多的碎花纹样，尽量采用同一种花纹和颜色；如果大小不同的碎花纹样，可以采用两种花纹和颜色。

◆ 团花纹样

团花纹样也称"宝相花"或"富贵花"，是一种中国传统纹样，在隋唐时期已流行，常见于袍服的胸、背、肩等部位，至明清时极为盛行，成为固定的服饰纹样。团花纹样以精美细致、饱满华丽的艺术样式著称，其特点是外形圆润成团状，内以四季草植物、飞鸟虫鱼、吉祥文字、龙凤、才子、佳人等纹样构成图案，结构呈四周放射状或旋转式或对称式。其寓意是金玉满堂、万事亨通、荣华富贵。

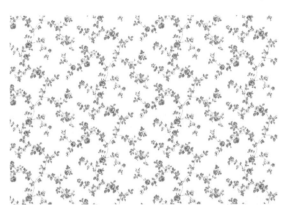

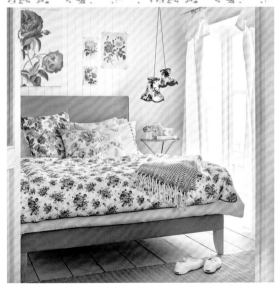

窗帘布艺搭配

FURNISHING
DESIGN

Point

01 窗帘布艺材质类型

　　窗帘布艺按面料可分为棉质、纱质、丝质、亚麻、雪尼尔、植绒、人造纤维等。棉、麻是窗帘布艺常用的材料，易于洗涤和更换。一般丝质、绸缎等材质比较高档，价格相对较高。

　　棉质属于天然的材质，由天然棉花纺织而成。棉质是窗帘常用的面料，易于洗涤和更换，价格比较亲民；纱质的窗帘装饰性较强，透光性能好，并且能增强空间的纵深感，一般适合在客厅或阳台使用；丝质属于纯天然材质，是由蚕茧抽丝做成的织品。其特点是薄如轻纱却极具韧性，悬挂起来给人飘逸的视觉享受。

◇ 纱质窗帘

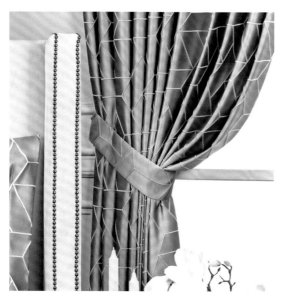

◇ 丝质窗帘

◇ 棉质窗帘

亚麻制作的窗帘有着天然纤维富有的自然质感，通常有粗麻和细麻之分，粗麻风格粗犷，而细麻则相对细腻一点；雪尼尔窗帘表面的花形有凹凸感，立体感强，整体看上去高档华丽，在家居环境中拥有极佳的装饰性；如果不想选择价格较贵的丝质、雪尼尔面料，可以考虑价格相对适中的植绒面料。植绒窗帘的特点是手感好，挡光度好；人造纤维目前在窗帘材质里是运用得最广泛的材质，功能性超强，如耐日晒、不易变形、耐摩擦、染色性佳。

◇ 亚麻窗帘

◇ 植绒窗帘

◇ 人造纤维窗帘

◇ 雪尼尔窗帘

◆ 轻奢风格窗帘

　　轻奢风格的空间可以选择冷色调的窗帘来迎合其表达的高冷气质，色彩对比不宜强烈，多用类似色来表达低调的美感，然后再从质感上来中和冷色带来的距离感。可以选择丝绒、丝棉等细腻、亮泽的面料，尤其是垂顺的面料更适合这一风格，因为垂顺的质地能给人一种温和柔美的感觉，具有非常好的亲和力。素色、简化的欧式纹样均为轻奢风格窗帘常用的纹样，多倍铅笔褶的款式结合细腻垂顺的面料特点能营造出简单而不失奢华的美感。

◆ 北欧风格窗帘

　　北欧风格以清新明亮为特色，所以白色、灰色系的窗帘是百搭款，简单又清新。如果搭配适宜，窗帘上出现大块的高纯度鲜艳色彩也是北欧风格中特别适用的。虽然纯色窗帘在此风格中也特别多见，但是纯色的选择一定要呼应家具的颜色。另外，几何图形也是北欧风的特色，用在儿童房、小型窗户上也是点睛之笔。

◇ 简单纹样的窗帘同样适合追求清新格调的北欧风格空间

◇ 丝绒等垂顺面料的窗帘适合轻奢风格的空间

◇ 灰色系的窗帘是北欧风格空间最为常见的选择

◆ 美式风格窗帘

美式风格的窗帘强调耐用性与实用性，选材上十分广泛，印花布、纯棉布以及手工纺织的麻织物，都是很好的选择，与其他原木家具搭配，装饰效果更为出色。美式风格的窗帘色彩可选择土褐色、酒红色、墨绿色、深蓝色等，浓而不艳、自然粗犷。传统美式风格的窗帘注重空间的和谐搭配，多采用花草与故事性图案。材质丰富且深色的绒布窗帘能凸显古典的美式空间，几何花纹的纯棉窗帘具有田园乡村的气息，是最常见的一种。

◇ 室内整体色彩搭配和谐的美式风格窗帘营造自然的氛围

◆ 法式风格窗帘

法式古典风格窗帘的颜色和图案也应偏向于跟家具一样的华丽、尊贵，多选用金色或酒红色这两种沉稳的颜色用于面料配色，显示出家居的豪华感。有时会运用一些卡奇色、褐色等做搭配，再配上带有珠子的花边搭配增强窗帘的华丽感。另外一些装饰性很强的窗幔以及精致的流苏往往可以起画龙点睛的作用。

法式新古典风格的窗帘在色彩上可选用深红色、棕色、香槟银、暗黄以及褐色等。面料以纯棉、麻质等自然舒适的面料为主，花形讲究韵律，弧线、螺旋形状的花形较常出现，力求线条的瑰丽华美，展现出新古典风格典雅大方的品质。

◇ 法式新古典风格窗帘

◇ 法式古典风格窗帘

◆ **东南亚风格窗帘**

东南亚风格的最佳搭档就是用布艺来装饰点缀出浓郁的异域风情。东南亚风格的窗帘一般以自然色调为主,完全饱和的酒红、墨绿、土褐色等最为常见。设计造型多反映民族的信仰,棉麻等自然材质为主的窗帘款式往往显得粗犷自然,还拥有舒适的手感和良好的透气性。

◇ 棉麻材质的窗帘是东南亚风格的常见选择

◆ **新中式风格窗帘**

新中式风格的窗帘多为对称的设计,帘头比较简单,可运用一些拼接方法和特殊剪裁。偏古典的新中式风格窗帘可以选择一些仿丝材质,既可以拥有真丝的质感、光泽和垂坠感,还可以加入金色、银色的运用,添加时尚感觉;偏禅意的新中式风格适合搭配棉麻材质的素色窗帘;比较传统雅致的空间窗帘建议选择沉稳的咖啡色调或者大地色系,例如浅咖啡色或者灰色、褐色等;如果喜欢明媚、前卫的新中式风格,最理想的窗帘色彩自然是高级灰。

◇ 棉麻材质的素色窗帘适合表现禅意的中式空间

◇ 中式风格窗帘上除了出现如回纹等传统纹样以外,还经常带有流苏、吊穗等小细节

03 窗帘布艺搭配重点

◆ 根据窗型搭配窗帘

　　窗户的形状会直接影响整体的美观度，且不同窗型需要搭配不同的窗帘。在一个住宅空间中，窗户的大小、形状不同，要选用不同的窗帘款式，有时可以起到弥补有些窗型缺陷的作用。

　　如果飘窗较宽，可以做几幅单独的窗帘组合成的一组，并使用连续的帘盒或大型的花式帘头将各幅窗帘连为整体。窗帘之间，相互交叠，别具情趣。如果飘窗较小，就可以当作一个整体来装饰，采用有弯度的帘轨配合窗户的形状。

　　落地窗从顶面直达地板，由于整体的通透性，给了窗帘设计更多的空间。落地窗的窗帘选择，以平拉帘或者水波帘为主，也可以两者搭配。如果有些是多边形落地窗，窗幔的设计以连续性打褶为首选，能非常好地将几个面连贯在一起，避免水波造型分布不均的尴尬。

　　转角的窗户通常出现在书房、儿童房或内阳台的设计上。转角窗通常将窗帘在转角的位置上分开成两幅或多幅，且需要定制有转角的窗帘杆，使窗帘可以流畅地拉动。

◇ 飘窗

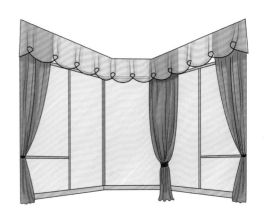

◇ 落地窗

◇ 转角窗

挑高窗从顶部到地面约 5~6m，上下窗通常合为一体，多出现在别墅空间。窗帘款式要凸显房间、窗型的宏伟磅礴、豪华大气，配帘头效果会更佳，窗帘层次也要丰富。此外，因为窗户过高，较为适合安装电动轨道。

拱形窗的窗型结构具有浓郁的欧洲古典格调，窗帘应突出窗形轮廓，而不是将其掩盖，可以利用窗户的拱形营造磅礴的气势感，把重点放在窗幔上。以比较小的拱形窗为例，上半部圆弧形部分可以用棉布做出自然褶度的异型窗帘，以魔术贴固定在窗框上，这种款式小巧精致，装饰性很强。

在复式结构房屋的顶层和阁楼，往往会出现斜屋顶窗。因为这种形状的窗子不与水平线成垂直，所以要考虑将窗帘上下都分别固定住。这种特殊的窗帘可以直接固定在窗户上，也可以固定在窗户周围的墙壁上，一般来说窗帘的大小就等于窗户的大小。

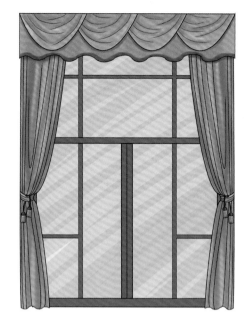

◇ 挑高窗

◇ 拱形窗

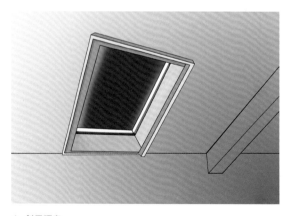

◇ 斜屋顶窗

◆ 根据空间搭配窗帘

客厅窗帘的色彩和材质都应尽量选择与沙发相协调的面料，以达到整体氛围的统一。现代风格客厅最好选择轻柔的布质类面料；欧式风格客厅可选用柔滑的丝质面料。如果客厅空间很大，可选择风格华贵且质感厚重的窗帘，例如绸缎、植绒面料等。

卧室窗帘的色彩、图案需要与床品相协调，以达到与整体装饰相协调的目的。通常遮光性是选购卧室窗帘的第一要素，棉、麻质地或者是植绒、丝绸等面料的窗帘遮光性都不错。

◇ 几何图形的窗帘增加卧室空间的现代感

◇ 客厅以家具颜色为中心选择窗帘的色彩

◇ 客厅窗帘分别与抱枕、台灯的色彩相呼应

\# 魅无界设计

◇ 选择与床品色彩相近的窗帘可增加卧室空间的配套感

书房窗帘首先要考虑色彩不能太过艳丽，否则会影响读书的注意力，同时长期用眼，容易疲劳，所以在色彩上要考虑那些能缓解视力疲劳的自然色，给人以舒适的视觉感。

出于对孩子安全健康的考虑，儿童房的窗帘应该经常换洗，所以应选择棉、麻这类便于洗涤更换的窗帘。常见的儿童房窗帘图案有卡通类、花纹类、趣味类等。卡通类的窗帘上通常印有儿童较喜欢的卡通人物或者图案等，色彩艳丽，形象活泼，体现儿童房的欢快气氛。

◇ 书房窗帘的色彩应考虑给人以舒适的视觉感

◇ 窗帘与床品呈对比色搭配，可增加儿童房空间的活力氛围

◇ 卡通类图案的窗帘最适合表现轻松欢快的儿童房氛围

餐厅位置如果不受曝晒，一般有一层薄纱即可。窗纱、印花卷帘、阳光帘均为上佳选择。当然如果做罗马帘的话会显得更有档次。

由于布艺窗帘的装饰性强，适合不同风格的厨房，因此也受到不少年轻人的喜爱。设计时可将厨房窗户三等分，上下透光，中间拦腰悬挂上一抹横向的小窗帘，或者中间透光，上下两边安装窗帘。这样一来，不仅保证厨房空间具有充足的光线，同时又将阻隔了外界的视线，不做饭的时候就可以放下来，达到了美化厨房的作用。

卫浴间通常以安装百叶窗为主，既方便透光，还能有效保护隐私；上卷帘或侧卷帘的窗帘除了防水功能之外，而且有花样繁多、尺寸随意的特点，也特别适合卫浴间使用。也有不少家庭会在卫浴间里安装纱帘，虽然纱帘很薄，但其遮光功能还是非常好的。拉上纱帘后，不仅不影响卫浴间的采光，同时还能保证隐私，使用很方便。在所有窗帘中，罗马帘可以说是一种很美观的窗帘，可以为卫浴间加分不少。但罗马帘也是布艺窗帘中的一种，加上卫浴间的环境偏潮湿，并不适合长期使用。不过目前制作罗马帘的材料也有很多种，可以为卫浴间挑选具有防水防潮性能的面料。

◇ 厨房的窗户中间透光，上下两边安装窗帘，这种形式兼具实用性与装饰性

◇ 罗马帘可为欧式风格的卫浴间增彩，但注意应采用具有防水防潮性能的面料

◇ 餐厅的窗帘以地毯的色彩为中心进行选择

第三节

地毯布艺搭配

FURNISHING
DESIGN

Point

01 地毯布艺材质类型

纯毛地毯		纯毛地毯一般以绵羊毛为原料编织而成,价格相对比较昂贵。纯毛地毯通常多用于卧室或更衣室等私密空间,环境比较干净,可以赤脚踩在地毯上,脚感非常舒适。
混纺地毯		混纺地毯是在纯毛地毯中加入了一定比例的化学纤维制成。在花色、质地、手感方面与纯毛地毯差别不大,装饰性不亚于纯毛地毯,且克服了纯毛地毯不耐虫蛀的特点。
化纤地毯		化纤地毯分为两种,一种使用的面料主要是聚丙烯,背衬为防滑橡胶,价格与纯棉地毯差不多,但花样品种更多;另一种是仿雪尼尔簇绒系列纯棉地毯,形式与其类似,只是材料换成了化纤,价格便宜,但容易起静电。
真皮地毯		真皮地毯一般指皮毛一体的地毯,例如牛皮、马皮、羊皮等,使用真皮地毯能让空间具有奢华感。此外,真皮地毯由于价格昂贵,还具有很高的收藏价值。
麻质地毯		麻质地毯分为粗麻地毯、细麻地毯以及剑麻地毯等,是一种具有自然感和清凉感的材质,是乡村风格家居最好的烘托元素,能给居室营造出一种质朴的感觉。

02 地毯布艺风格类型

◆ 北欧风格地毯

　　北欧风格的地毯有很多选择，一些极简图案线条感强的地毯可以起到不错的装饰效果。黑白两色的搭配是配色中最常用的，同时也是北欧风格地毯经常会使用到的颜色。在北欧风格地毯中，苏格兰格子是常用的元素。此外，流苏是近年来非常流行的服装与家居装饰元素。不少北欧风格地毯中，也会使用这样的流苏元素。

◆ 轻奢风格地毯

　　轻奢风格空间中既可以选择简洁流畅的图案或线条，如波浪、圆形等抽象图形，也可以选择单色地毯，各种样式的几何元素地毯可为轻奢空间增添极大的趣味性，但图案和颜色在协调家具、地面等环境色的同时也要形成一定的层次感。比如沙发的面料图案繁复，那么地毯就应该选择选择素净的图案，若是沙发图案过于素净，那么地毯可以选择更丰富一些的图案。

◇ 几何线条式地毯

◇ 多色拼接的地毯

◇ 轻奢空间中黑白条纹图案的地毯与家具布艺及窗帘的色调相同，通过纹样差异营造层次感

◇ 单色地毯

◆ 美式风格地毯

美式风格地毯常用羊毛、亚麻两种材质。纯手工羊毛地毯营造出美式格调的低调奢华，在美式家居生活的场景中，客厅壁炉前或卧室床前常放一张羊毛地毯。而麻质编织地毯拥有极为自然的粗犷质感和色彩，用来呼应曲线优美的家具，效果都很不错。淡雅的素色向来是美式风格地毯的首选。传统的纹样和几何纹也很受欢迎，但简单的大色块或者图案比较大的地毯会破坏家里比较和谐的配色关系。圆形、长椭圆形、方形和长方形编结布条地毯是美式乡村风格标志性的传统地毯。

◆ 法式风格地毯

在法式传统风格的空间中，法国的萨伏内里地毯和奥比松地毯一直都是首选；而法式田园风格的地毯最好选择色彩相对淡雅的图案，采用棉、羊毛或者现代化纤编织。植物花卉纹样是地毯纹样中较为常见的一种，能给大空间带来丰富饱满的效果，在法式风格中，常选用此类地毯以营造典雅华贵的空间氛围。

◇ 法式植物花卉纹样的地毯

◇ 美式风格地毯

◇ 萨夫内里地毯

◆ 东南亚风格地毯

充满亚热带风情的东南亚风格适合选择亚麻质地的地毯，带有一种浓浓的自然原始气息。此外，可选用以植物纤维为原料的手工编织地毯。在地毯花色方面，一般根据空间基调选择妩媚艳丽的色彩或抽象的几何图案，休闲妩媚并具有神秘感，表现出绚丽的自然风情。

◆ 新中式风格地毯

新中式风格家居既可以选择具有抽象中式元素图案的地毯，也可选择传统的回纹、万字纹或描绘花鸟山水、福禄寿喜等中国古典图案。通常大空间适合花纹较多的地毯，显得丰满，前提是家具花色不要太乱。而新中式风格的小户型中，大块的地毯就不能太花，不仅显得空间小，而且也很难与新中式的家具搭配，地毯上只要有中式的四方连续元素点缀即可。

星翰设计
◇ 充满东南亚特色的手工编织地毯表现出绚丽的自然风情

纳沃设计
◇ 带祥云图案的中式风格地毯

◇ 传统水墨图案的中式地毯

03 地毯布艺纹样搭配

在长方形的餐厅、过道或者其他偏狭长的空间，横向铺一张条纹的地毯能有效地拉宽视觉。在软装配饰纹样繁多的场景里，一张规矩的格纹地毯能让热闹的空间迅速冷静下来而又不显突兀。

精致的小花纹地毯细腻柔美，繁复的暗色花纹地毯十分契合古典气质。地毯上的花纹一般是根据欧式、美式等家具上的雕花印制而成的图案，具有一种高贵典雅的气质，配合宽敞豪华的欧式风范空间，可以更好地彰显出轻奢品位。

◇ 条纹地毯

◇ 格纹地毯

◇ 花纹地毯

几何图案的地毯简约不失设计感更是深受年轻人的喜爱，不管是混搭还是搭配北欧风格的家居都很合适。有些几何纹样的地毯立体感极强，这种纹样的地毯应用于光线较强的房间内，如客厅、起居室内，再配以合适的家具，可以使房间显得宽敞而富有情趣。

◇ 植物花卉纹样地毯

◇ 几何图案地毯

时尚界经常会采用豹纹、虎纹为设计要素。这种动物纹理天然地带着一种野性的韵味，这样的地毯让空间瞬间充满个性。植物花卉纹样是地毯纹样中较为常见的一种，能给大空间带来丰富饱满的效果，在欧式风格中，多选用此类地毯以营造典雅华贵的空间氛围。

◇ 动物纹理地毯

04 地毯布艺空间应用

客厅是走动最频繁的地方，最好选择耐磨、颜色耐脏的地毯。如果布艺沙发的颜色为多种，而且比较花，可以选择单色无图案的地毯样式。这种情况下颜色搭配的方法是从沙发上选择一种面积较大的颜色，作为地毯的颜色，这样搭配会十分和谐，不容易因为颜色过多显得凌乱。如果沙发颜色比较单一，而墙面为某种鲜艳的颜色，则可以选择条纹地毯，或自己十分喜爱的图案，颜色的搭配依照比例大的同类色作为主色调。

卧室的地毯以实用性和舒适性为主，宜选择花形较小，搭配得当的地毯图案，视觉上安静、温馨，同时色彩要考虑和家具的整体协调，材质上羊毛地毯和真丝地毯是首选。

◇ 通常黑白色图案的地毯比较百搭，非常适合现代简约风格的客厅空间

◇ 地毯颜色从客厅沙发上提取

◇ 卧室的地毯应考虑与床品、窗帘以及装饰画等元素的色彩相协调

◇ 卧室空间相对私密，地毯材质以纯毛或真丝为首选

作为餐厅的地毯，方便易用是首要的，可选择一种平织的或者短绒的地毯。首先它能保证椅子不会因为过于柔软的地毯而不稳，也能因为较为粗糙的质地而更耐用。质地蓬松的地毯还是比较适合起居室和卧室。如果餐厅中的地毯是最先购买的，那么可以将它作为餐厅总体配色的一个基调，从而选择墙面的颜色和其他软装饰品，保证餐厅色调的平衡。

在玄关铺地毯也是常见选择。由于玄关地面使用频率高，一般可以选择腈纶、仿丝等化纤地毯，这类地毯价格适中，耐磨损，保养方便。玄关地毯背部应有防滑垫或胶质网布，因为这类地毯面积比较小，质量轻，如没有防滑处理，从上面经过容易滑倒或绊倒。玄关地毯花色的选择上，可根据喜好随意搭配，但要注意的是，如果选择单色玄关地毯，颜色尽量深一些，浅色的玄关地毯易污损。

丙纶地毯多为深色花色，弄脏后不明显，清洁也比较简便，因此在厨房这种易脏的环境中使用是一种最佳的选择方案。此外，棉质地毯也是不错的选择，因为棉质地毯吸水吸油性好，同时因为是天然材质，在厨房中使用更加安全。

◇ 餐厅地毯可以作为主色调，由此延展出整个空间的配色

◇ 玄关处的地毯除美观外宜选择耐磨的材质，以满足使用的需求

◇ 在开放式厨房选择一块手工地毯装饰地面是比较流行的做法

床品布艺搭配

FURNISHING
DESIGN

Point

01 床品布艺风格类型

◇ 轻奢风格的床品可加入皮草或丝绒面料等加以点缀

◆ 轻奢风格床品布艺

轻奢风格的床品常用低纯度、高明度的色彩作为基础，比如暖灰、浅驼等颜色，靠包、抱枕等搭配不宜色彩对比过于强烈。在面料上，压绉、衍缝、白织提花面料都是非常好的选择，点缀性地配以皮草或丝绒面料可以丰富床品的层次感，强调视觉效果。

◆ 北欧风格床品布艺

北欧风格的卧室中常常采用单一色彩的床品，多以白色、灰色等色彩来呼应空间中大量的白墙和木色家具，让整体空间形成很好的融合感。如果觉得纯色的床品比较单调乏味，则可以搭配简单几何纹样的淡色面料来点缀，让北欧风格的卧室空间显得更为活泼生动一些。

◇ 单一色彩的床品可为北欧风格卧室营造纯朴安静的氛围

◆ 法式风格床品

法式古典风格的床品多采用大马士革、佩斯利图案，风格上体现出精致、大方、庄严、稳重的特点。法式新古典风格床品经常出现一些艳丽、明亮的色彩，材质上经常会使用一些光鲜的面料，例如真丝、钻石绒等，为的是把新古典风格华贵的气质演绎到极致。

◇ 法式风格床品上多见大马士革、佩斯利等经典图案

◆ 美式风格床品

美式风格床品的色调一般采用稳重的褐色或者深红色，在材质上面，多会使用钻石绒布或者真丝做点缀，花纹一般会以简单的古典图腾花纹来点缀，在抱枕和床旗上通常会出现大面积吉祥寓意的图案。

◆ 东南亚风格床品

东南亚风格的床品色彩丰富，可以总结为艳、魅，多采用民族的工艺织锦方式，整体感觉华丽热烈，但不落庸俗之列。

◆ 新中式风格床品

新中式风格的床品需要从纹样上延续中式传统文化的意韵，从色彩上突破传统中式的配色手法，利用这种内在的矛盾打造强烈的视觉印象。在具体款式上，新中式风格的床品不像欧式床品那样要使用流苏、荷叶边等丰富装饰，简洁是新中式床品的特点，重点在于色彩和纹样要体现一种意境感，例如回纹、花鸟等图案就很容易展现中国风情。

◇ 美式风格的床品图案通常以蔓藤类的枝叶为原形设计

◇ 东南亚风格的床品色彩丰富，给人以华丽浓烈之感

◇ 新中式风格的床品通常带有寓意吉祥的中式传统纹样

02 床品布艺氛围营造

  营造素雅氛围的床品通常没有中式的大红大紫，没有传统的美丽多姿，也没有欧式的富丽堂皇，采用单一色彩进行床品的搭配，在花纹上，也没有传统的花卉图案，取而代之是线条简略、经典的条纹、格子的外形。

  营造奢华氛围的床品多采用象征身份与地位的金黄色、紫色、玉粉色为主色调，流露出贵族名门的豪气。一般此类床品用料讲究，多采用高档舒适的提花面料。大气的大马士革图案、丰富饱满的褶皱以及精美的刺绣和镶嵌工艺都是搭配奢华床品的重要元素。

  营造自然氛围的床品，通常以一款植物花卉图案为中心，辅以格纹、条纹、波点、纯色等，忌各种花卉图案混杂。

  搭配梦幻氛围的女孩房床品，粉色系是不二之选，轻盈的蕾丝织物、多层荷叶花边、花朵、蝴蝶结等都受到女孩的喜爱。格纹、条纹、卡通图案是男孩房床品的经典纹样，强烈的色彩对比能衬托出男孩活泼、阳光的性格特征，面料宜选用纯棉、棉麻混纺等亲肤的材质。

◇ 营造奢华氛围的床品

◇ 营造自然氛围的床品

◇ 营造素雅氛围的床品

◇ 营造梦幻氛围的床品

03 床品布艺搭配重点

　　床品的重要性在卧室的软装系统中也占有很大的比重。常规的处理是将床品按被面、压毯和抱枕等组成一个系统，与空间硬装融合在同一个色彩体系中，可以考虑利用图案纹样做出统一中的变化。

　　床品首先要与卧室的装饰风格保持一致，自然花卉图案的床品搭配田园格调十分协调；抽象图案则更适宜简洁的现代风格。其次，床品在不同主题的居室中，选择的色调自然不一样。对于年轻女孩来说，粉色是最佳选择，粉粉嫩嫩可爱至极；成熟男士则适用蓝色，蓝色体现理性，给人以冷静之感。

◇ 抽象图案的床品适用于现代风格卧室

◇ 自然花卉图案的床品适用于田园风格卧室

◇ 蓝色床品体现成熟男士的理性

◇ 粉色床品适合年轻女性的卧室

为了营造安静美好的睡眠环境，卧室墙面和家具的色彩都会柔和，因此床品选择与之相同或者相近的色调绝对不会出错，同时，统一的色调也让睡眠氛围更柔和。为了渲染生机，选择带有轻浅图案的面料，会打破色调单一的沉闷感。

◇ 利用高纯度色彩的靠枕提亮空间

在材质上，如果选择与窗帘、沙发或抱枕等布艺相一致的面料作为床品，让卧室更有整体感，无形中增加了睡眠氛围。这种搭配更适用于墙面、家具为纯色的卧室，否则太过缭乱。

◇ 同色系搭配的靠枕显得富有整体感

床品包括床单、被子和枕头等，但如果要更加美观，大小不一、形状各异的抱枕是颇具性价比的单品。各单品之间完全同花色是最保守的选择；要效果更好，则需采用同色系不同图案的搭配法则，甚至可以将其中一两件小单品配成对比色，如此一来，床品才能作为软装的重头戏为房间增色。如果多个抱枕的堆积感觉太烦琐的话，为床搭配一条绗缝的床盖是另一个方便的选择。

◇ 床品布艺与地毯的色彩形成一定的呼应，给人协调感的同时又有主次之分

◇ 紫色床品与黄色墙面虽然形成一组撞色，但是床品的花纹依然存在与墙面相呼应的颜色

抱枕布艺搭配

01 抱枕布艺风格类型

◆ 轻奢风格抱枕

抱枕在轻奢风格的家居环境中可以起到画龙点睛的装饰作用，轻奢风格更多的是从材质的差异化来体现空间的层次感和品质感，所以，当为皮质的沙发搭配抱枕时，可以选择一些皮草、丝绒等细腻温和的面料来进行搭配；反之，当为丝绒面料的沙发搭配抱枕时，可以选择一些皮质或金属质感的抱枕来进行搭配。

◆ 北欧风格抱枕

兼具舒适和装饰功能的抱枕是北欧风格家居中必不可少的软装元素。经典的北欧风格抱枕图案包括黑白格子、条纹、几何图案的拼凑、花卉、树叶、鸟类、人物、粗十字、英文字母 logo 等，在抱枕材质的选择上也非常多样，如棉麻、针织以及丝绒等。还可以利用不同图案、不同颜色以及不同材质进行混搭，以达到更好的装饰效果。另外，在抱枕的造型上，大多为正方形或者长方形，而且通常不带任何边饰。

◆ 美式风格抱枕

美式风格的抱枕强调耐用性与实用性，在选材上十分广泛，印花布、纯棉布以及手工纺织的麻织物，都是很好的选择。在色彩上可选择土褐色、酒红色、墨绿色、深蓝色等，总体呈现出浓而不艳、自然粗犷的视觉效果。传统美式风格的抱枕注重空间的和谐搭配，多采用花草与故事性的图案，有时候也会出现大面积吉祥寓意的图案。如果觉得大型图案很难驾驭，也可以选择大气高雅的纯色系抱枕，以体现出美式风格简单随性的空间特点。

孙文设计

◇ 轻奢风格抱枕

◇ 北欧风格抱枕

◇ 美式风格抱枕

◆ **东南亚风格抱枕**

　　东南亚风格布艺最抢眼的装饰要属绚丽的泰丝抱枕。由于藤艺家具常给人营造出一种镂空感，因此搭配一些质地轻柔、色彩艳丽的泰丝抱枕，可以适当地消除这种空洞感。泰丝抱枕比一般的丝织品密度大，所以质感稍硬，更有型，不仅色彩绚丽，富有特别的光泽，图案设计也富于变化，不论是摆在沙发上或者床上，都能表现出东南亚风格的多彩华丽感觉。

◆ **新中式风格抱枕**

　　抱枕是新中式风格家居不可或缺的软装元素之一。如果空间的中式元素比较多，抱枕最好选择简单、纯色的款式，通过正确把握色彩的挑选与搭配，突出中式韵味；当中式元素比较少时，可以赋予抱枕更多的中式元素，例如花鸟、窗格图案等。

◇ 东南亚风格抱枕

◇ 新中式风格抱枕

抱枕在家居设计中扮演着重要的角色，为不同风格的家居空间搭配不同颜色的抱枕，能营造出不一样的空间美感。在总体配色为冷色调的家居环境中，可以适当搭配色彩艳丽的抱枕作为点缀，能够制造出夺目的视觉焦点。而像紫色、棕色、深蓝色的抱枕带有浓郁宫廷感，厚重而典雅，并且透着浓厚的怀旧气息，因此比较适合运用在古典中式以及古典欧式的家居空间中。

抱枕的颜色众多，还有各种图案、纹理、刺绣的抱枕。因此在搭配颜色的时候，要把握好尺度，并且控制好抱枕与家居色彩的平衡。当家居的整体色彩比较丰富时，抱枕的色彩最好采用同一色系且淡雅的颜色，以压制住整个空间的色彩，避免家居环境显得杂乱。如果室内的色调比较单一，则可以在抱枕上使用一些色彩强烈的对比色，不仅能起到活跃氛围的作用，而且还可以让空间的视觉层次显得更加丰富。此外，抱枕如果呈前后叠放的话，应尽量挑选单色系的与带图案的抱枕组合，大单色的抱枕在后，小的图案抱枕在前，这样在视觉上能够显得更加平稳。

◇ 单一色调的空间可选择色彩对比强烈的抱枕

◇ 整体色彩比较丰富的空间可选择同一色系的抱枕

◇ 棕色、深蓝色抱枕适用于表现古典气息的空间

◇ 色彩鲜艳的抱枕组合可活跃冷色调空间的氛围

抱枕的图案是家居空间的个性展示，但在使用时要注意合理恰当。图案夸张、个性的抱枕应少量点缀即可，以免在空间里制造出凌乱的感觉。

如果家中如果搭配了较多的花卉植物，其抱枕的色彩或者图案也可以花哨一点。如果房间中的灯饰很华丽精致，那么可以按灯饰的颜色选择抱枕，起到承上启下的呼应作用。

如果是简约风格的家居空间，则可以选择搭配条纹图案或格纹图案的抱枕，可以很好地体现出简约风格家居简约而不简单的空间特点。如果整体的家居设计个性张扬，则可以选择具有夸张图案或者拼贴图案

的抱枕；如果喜欢文艺，可以搭配一些灵感来自艺术绘画的抱枕图案。此外，在给儿童准备抱枕时，为其搭配卡通动漫图案是最好的选择。

◇ 图案夸张的抱枕彰显居住者的个性

◇ 来自艺术绘画的抱枕图案适合文艺范居住者的审美

◇ 抱枕色彩可根据空间中的小家具、装饰画以及灯具等小物件进行选择

◇ 简约风格空间适合选择条纹或格纹图案的抱枕

◆ 对称摆设法

把抱枕对称放置，可以制造出整齐有序的视觉效果。如根据沙发的大小可以左右各摆设一个、两个或者三个抱枕，但要注意在选择抱枕时，除了数量和大小，在色彩和款式上也应该尽量根据平衡对称的原则进行选择。

◆ 随意摆设法

如在沙发的一头摆放三个抱枕，另一侧摆放一个抱枕，这种组合方式在视觉上比对称的摆放更富变化。需要注意的是，抱枕在随意摆放时，其大小款式以及色彩应该尽量接近或保持一致，以实现沙发区域的视觉平衡。

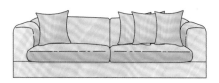

◆ 大小摆设法

远大近小的原则具体是指越靠近沙发中部，摆放的抱枕应越小。这是因为从视觉效果来看，离人的视线越远，物体看起来越小，反之物体看起来越大。因此，将大抱枕放在沙发左右两端，小抱枕放在沙发中间，在视觉上能给人带来更为平稳舒适的感受。

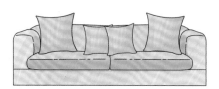

◆ 里外摆设法

在最靠近沙发靠背的地方摆放大一些的方形抱枕，然后中间摆放相对较小的方形抱枕，最外面再适当增加一些小腰枕或糖果枕。如此一来，整个沙发区不仅看起来层次分明，而且最大限度地提升了沙发的使用舒适度。

全 案 设 计 实 战

软 装 全 案 设 计 师 必 备

PART

5

软装 饰品 摆场

-FURNISHING-

- DESIGN -

第五章

　　随着轻装修重装饰的逐渐流行，软装饰品陈设是目前室内装饰中必不可少的重要环节。软装饰品的陈设对设计有很高的要求，如何根据不同的风格进行搭配组合，这需要设计师根据客户的生活习惯挑选产品，确定摆设位置，还需要核实尺寸。最好还是听取专业软装设计师的意见，如果居住者单独购买自行搭配，很难做到整体统一。

软装饰品摆场基础

FURNISHING

DESIGN

Point

01 软装饰品材质类型

软装饰品因材质类别、工艺复杂程度等不同，价格上显得千差万别。通常软装饰品按照材质可分为木质饰品、陶瓷饰品、金属饰品、水晶饰品、树脂饰品等。

木质饰品具有大小随意、造型多变、便于取材与设计等几个主要特点，一般田园风格的家居比较适合用木本色饰品来烘托，而宫廷风格的家居更适合选用造型独特、做工精致、木质感强的木质饰品。

陶瓷饰品大多制作精美，即使是近现代的陶瓷工艺品也具有极高的艺术收藏价值。例如陶瓷鼓凳、将军罐、陶瓷台灯以及青花瓷摆件是中式风格软装中的重要组成部分。

◇ 现代美式木质相框

◇ 中式陶瓷花器

◇ 木质根雕饰品正象设计

金属饰品是指用金、银、铜、铁、锡、铝合金等为主要材料加工而成的饰品，风格和造型可以随意定制，例如铁艺鸟笼、组合型的金属烛台以及金属座钟等。

水晶饰品的特点是玲珑剔透、造型多姿，如果再配合灯光的运用，会显得更加透明晶莹，大大增强室内感染力，例如水晶烛台、水晶地球仪以及水晶台灯等。

树脂可塑性好，可以任意被塑造成动物、人物、卡通等形象，而且在价格上非常具有竞争优势。例如做旧工艺的麋鹿、小鸟、羚羊等动物造型的饰品可给室内增加乡村自然的氛围。

◇ 金属壁饰

◇ 水晶材质摆件

◇ 树脂人像摆件

02 软装饰品摆场原则

软装饰品摆场是软装设计中不可或缺的环节，利用各种艺术形式和艺术产品进行设计，能够烘托出室内空间的格调、氛围和意境。由于饰品本身的造型、颜色、图案均有一定的风格特征，因此软装饰品的选择与搭配，对于室内风格的形成以及氛围的营造有着非常重要的作用。

随着现代工艺的不断发展，可用于制作装饰品的材料也越来越丰富。一般来说，中式风格空间可以搭配木材、瓷器类的软装饰品，而现代风格空间最好选择玻璃、金属、石材等材质的软装饰品。也可以根据装饰要求，在同一种风格空间中，组合搭配多种材质的软装饰品，为室内空间带来更加丰富的装饰效果。

在选择软装饰品时，要注意尺寸大小的组合。饰品单独摆放时，需考虑其与周边家具搭配的协调性，过大过小都会影响视觉效果。

比如沙发背景墙上的装饰，如果只有一幅装饰画，那么装饰画的宽度不能超过沙发的宽度，让视觉效果主次分明。多幅装饰画组合时，其整体宽度也不要超过沙发的宽度，还可以考虑选择不同尺寸大小的装饰画进行组合搭配，营造出更加丰富以及更具韵律感的装饰效果。此外，在搭配花瓶、摆件等其他装饰品时，也应注意尺寸大小的问题。

◇ 多种材质的饰品在同一空间中呈现，可带来更加丰富的装饰效果

◇ 背景墙上居中悬挂的饰品需考虑与周边家具搭配的协调性

软装饰品形状的选择，也是软装设计时需要考虑的因素之一。比如圆形的装饰画更适合中式风格，而方形的装饰画更加百搭。相同材质的饰品组合出现时，除了考虑其大小尺寸的问题，也要注意其形状要有对比性，比如陶瓷饰品在摆放时，需要采用大小、高矮、形状不同的组合搭配，才能提升整体的装饰效果。

在面积有限的室内空间中，软装饰品的数量并不是越多越好，而且同种材质的软装饰品一起出现时，其数量最好控制在三个以下。另外，不同的软装饰品展示时也要考虑数量的对比效果。比如空间中原来有数量较多的装饰性摆件，那么在搭配墙面装饰画或照片墙时，就应该减少装饰画或照片的数量，甚至是采用一幅大尺寸的装饰来装饰墙面，从而避免软装饰品数量过多而造成的零乱感。

◇ 摆件数量较多的背景墙面应减少装饰画的数量

◇ 圆形装饰画在中式传统文化中具有团圆美满的寓意

◇ 相同材质的饰品组合出现时应考虑大小或形状的对比性

03 软装饰品摆场手法

软装配饰可以为室内空间注入更多的文化内涵，增强环境中的意境美感。但是在实践操作中，想要淋漓尽致地表现出配饰的点缀作用，仅凭软装设计师的经验是不够的，还需要遵循一定的原则。

软装配饰陈设手法多种多样，不同的设计师都有自己对软装的理解，采用各自独特的软装陈设手法，但是大多数陈设手法都会遵循相同的美学原理。

三角形陈设法是以三个视觉中心为饰品的主要位置，形成一个稳定的三角形，具有安定、均衡但不失灵活的特点，是最为常见和效果最好的一种方式。

三角形构图法主要通过对饰品的体积大小或尺寸高低进行排列组合，最终形成轻重相间、布置有序的三角装饰形状。无论是正三角形还是斜边三角形，即使看上去不太正规也无所谓，只要在摆放时掌握好平衡关系即可。

SCDA 设计

元禾大千设计

场和设计

LSD 设计

◇ 三角形陈设法给人视觉上以稳定感，是软装设计中摆设工艺饰品最常用的手法

◇ 三角形陈设法的要点是几个饰品之间需形成高低的落差，这样才能形成一个三角形的构图

对称平衡法是把一些软装饰品对称平衡地摆设组合在一起，让它们成为视觉焦点的重要一部分。例如可以把两个样式相同或者差不多的工艺饰品并列摆放，不但可以制造和谐的韵律感，还能给人安静温馨的感觉。

适度差异法是指饰品的组合上有一定的内在联系，形体上要有变化，既对比又协调，物体应有高低、大小、长短、方圆的区别，过分相似的形体放在一起显得单调，但过分悬殊的比例看起来不够协调。

涞澳设计

◇ 对称式陈设法是将样式相同的饰品匀称布置，实际运用时也可通过饰品的形体、色彩变化打破原有的呆板感

GND设计

◇ 两个相同材质的花器在形状与大小之间存在适度差异，既对比又协调

◇ 对称式陈设法营造出韵律的美感，在中式风格空间中最为常见

亮色点睛法是指整个硬装的色调比较素雅或者比较深沉的时候，在软装上可以考虑用亮一点的颜色来提亮整个空间。例如硬装和软装是黑白灰的搭配，可以选择一两件比较色彩艳丽的单品来活跃氛围，这样会带给人不间断的愉悦感受。

层次分明法是指摆放家居工艺饰品时要遵循前小后大、层次分明的法则，把小件的饰品放在前排，这样一眼看去能突出每个饰品的特色，在视觉上就会感觉很舒服。

兴趣引导法通常应用在儿童房中较多，在设计时，充分利用孩子的兴趣爱好为导向。例如男孩对于飞机、汽车之类的东西会比较感兴趣，可以摆放一些飞机的模型，汽车之类的卡通玩具，让房间显得更有特色。而女孩房软装饰品则可以偏向于可爱、卡通一些，洋娃娃、Hello Kitty 等元素在女孩房里运用比较多。

◇ 色彩素雅的中性色空间可采用亮色饰品活跃氛围

◇ 前小后大的排列方式显得层次分明且整体和谐

◇ 驾驶盘造型的饰品基于孩子对汽车的兴趣爱好为设计导向

第二节

软装饰品摆场内容

FURNISHING
DESIGN

Point

01 摆件

　　软装摆件就是平常用来布置家居的装饰摆设品，如瓷器、假书、餐桌摆饰以及各种玻璃与树脂饰品等。室内空间中摆放上一些精致的摆件，不仅可以充分地展现出居住者的品位，还可以提升空间的格调，但需要注意选择搭配的要点。通常同一个空间中的软装摆件数量不宜过多，摆设时注意构图原则，避免在视觉上形成一些不协调的感觉。

　　如果想让室内空间看起来比较有整体性的话，在进行摆件的搭配时就要和室内风格进行融合，例如在简约风格空间中使用一些比较简洁精致的摆件。通常选择与室内风格相一致，而颜色又形成一些对比的摆件，搭配出来的效果会比较好。

◇ 搁板上的摆件陈设

◇ 茶室展示柜中的摆件陈设

◇ 餐柜上的摆件陈设

02 插花

插花不但可以丰富装饰效果，同时也可作为室内空间氛围的调节剂。有的插花代表高贵，有的插花代表热情，利用好不同的插花风格和造型就能创造出不同的空间情调。在居住空间中搭配插花虽然看似简单，但其实也是一门值得探究的软装艺术。

东方式插花是以中国和日本插花风格为代表的一类插花艺术。中国插花历史悠久，早在 1500 多年前的六朝时期就有借花献佛之说，也就是人们常说的佛前供花。隋唐时期，日本使者将佛教知识和佛前供花带回日本，花道也在那时在日本生根发芽，很好的传承和发扬。

东方式插花注重意境和内涵思想的表达。用花数量上不求多，一般只需要插几枝便能起到画龙点睛的作用，多用青枝绿叶勾线衬托。东方插花艺术崇尚自然，讲究优美的线条和自然的姿态。其构图布局高低错落，俯仰呼应，疏密聚散。按植物生长的自然形态，又有直立、倾斜和下垂等不同的插花形式。

◇ 东方式插花追求意境的表达，花材数量不多，讲究优美的线条和自然的姿态

◇ 中式风格的插花取材较为简洁单一，具有自然野趣，毫无刻意造作之气

◇ 日式插花以花材用量少，选材简练为特征，造型上以线条为主，讲究意境，崇尚自然

西方式插花也称欧式插花，起源于地中海沿岸。远在公元前 2500 年，在古埃及滑雪者法老贝尼哈桑的墓壁上就有瓶插睡莲的壁画。古希腊人常在落地的大花瓶中插花，用之装饰结婚的新房，烘托喜庆气氛。后来，这些插花装饰的形式，随着贸易往来、战争和文化交流，逐渐从埃及、希腊和罗马传到英国、法国、荷兰等国。特别是在荷兰得到发展，使其逐渐形成一门完整的西方插花艺术。

西方式插花具有西方艺术的特色，不讲究花材个体的线条美和姿态美，只强调整体的艺术效果。它的造型较整齐，多以几何图形构图，讲究对称与平衡。插花色彩力求丰富艳丽，着意渲染浓郁的气氛。花材种类多，用量大，追求繁盛的视觉效果，所选花材还具有一定礼仪含义。西方式插花常见的有半球形插花、三角形插花、圆锥形插花等类型。

◇ 西方式插花花材数量较多，色彩上力求丰富艳丽，强调整体艺术效果

03 装饰镜

　　装饰镜是每一个家居空间中不可或缺的软装元素之一，巧妙的镜面使用不仅能让它发挥应有的功能，更能够让镜面成为空间中的一个亮点，给室内装饰增加许多的灵动。在选择装饰镜的时候也需要区分不同的外观进行挑选，与室内整体相搭配的装饰镜才能带来最好的装饰效果，而不是让镜子在空间显得突兀。

　　装饰镜有各种各样的造型，每一种形状都有它的独特性，每一种款式都会产生不同的视觉效果。通常，圆形镜更多用于装饰，椭圆形装饰镜更注重实用，其形状节省空间并且可以反映全高度。方形的装饰镜可以是纯粹的装饰性或功能性的。长方形镜具有最大反射面积，可用于装饰和反射。多边形与曲线形的装饰镜给人以视觉上的全新感受。

◇ 多边形装饰镜

◇ 椭圆形装饰镜

◇ 圆形装饰镜

◇ 方形装饰镜

装饰镜的镜面分为银镜、茶镜、灰镜等多种颜色，其中银镜是指用无色玻璃和水银镀成的镜子；茶镜用茶晶或茶色玻璃制成，十分具有现代感；灰镜在简约风格的家居装饰中应用比较广泛。

不同的房间中对装饰镜的挂放高度也有不同的要求。想要将镜子作为装饰物体和焦点时，应保持镜面中心离地 1.6~1.65m 为佳，太高或者太低都可能影响到日常的使用。小镜子或一组小镜子的中心应处于眼睛的水平高度。观看装饰镜的推荐距离约为 1.5m，避免将人造灯直接照向镜子。

◇ 银镜

◇ 装饰镜挂放的合适高度

◇ 茶镜

◇ 灰镜

04 装饰画

装饰画是墙面不可或缺的装饰元素，选择装饰画的首要原则是要与空间的整体风格相一致，其次，不同的空间可以悬挂不同题材的装饰画，还有采光、背景等细节也是选择装饰画时需要考虑的因素。

在选择装饰画时，首先要考虑的是墙面大小。如果墙面留有足够的空间，可挂置一幅面积较大的装饰画进行装饰。如果空间比较局促，就应当考虑面积较小的装饰画。这样不会有压迫感，墙面适当留白，更能突出整体的美感。此外，还要注意装饰画的整体形状和墙面搭配，一般来说，狭长的墙面适合挂放狭长、多幅组合画，方形的墙面适合挂放横幅、方形或小幅画。

如果在空白墙上挂画，挂画高度最好就是画面中心位置距地面 1.5m 处。有时装饰画的高度还要根据周围摆件来决定，一般要求摆件的高度和面积不超过装饰画的 1/3 为宜，并且不能遮挡画面的主要表现点。

◇ 单幅装饰画应把握好与墙面大小的比例，成为视觉中心的同时避免形成拥挤的感觉

◇ 多个相同尺寸的装饰画，在悬挂时可保持一定的错落感

◇ 如果悬挂多幅装饰画，那么画与画之间的距离应控制在 5~8cm

05 照片墙

　　照片墙由悬挂在墙面上多个大小不一、错落有致的相框组成，是最近几年比较流行的一种墙面装饰手法。它的出现不仅带给人良好的视觉感，同时还让家居空间变得十分温馨且具有生活气息。在打造照片墙之前，首先应根据不同的家居风格，选择相应的相框、照片以及合适的组合方式。其次，不论在哪个区域布置照片墙，都要先规划好空间，然后计算出照片墙的大小和数量。

　　设计照片墙前要先量好墙面的尺寸大小，再确定用哪些尺寸的相框进行组合。一般情况下，照片墙的大小最多只能占的整个墙面的三分之二，否则会造成压抑的感觉。

洪烈文设计

◇ 如果相框与其他挂件混搭组合成照片墙，应把握好彼此间的尺寸

DGH 设计

◇ 小尺寸照片随意挂在铁艺网上，简单的布置可以瞬间让墙面生动起来

张艾设计

◇ 照片墙应根据墙面尺寸大小进行设计，最多只能占据墙面的三分之二

照片墙的组合形式，可根据个人喜好充分发挥创意。可选择长方形、正方形、心形、圆形，也可以是菱形、近菱形和不规则形。

如果是平面组合，相框之间的间距以5cm最佳，太远会破坏整体感，太近则会显得拥挤。宽度2m左右的墙面，通常比较适合6~8框的组合样式，太多会显得拥挤，太少则难以形成装饰焦点。如果墙面宽度在3m左右，那么建议考虑8框以上到12框的组合。

◇ 不规则形照片墙

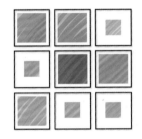

◇ 正方形照片墙

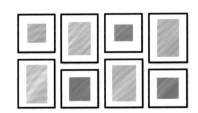

◇ 长方形照片墙

◇ 在床头柜的上方悬挂几幅家庭成员成长的照片，使得这个私密空间充满浓郁的生活气息

◇ 黑白照片墙通常是最稳妥的选择，并且适合多种风格的空间

06 装饰挂盘

在墙面搭配风格各异的挂盘，不仅可以让空间气氛活跃起来，还能表现出居住者的个性品位。

挂盘一般都是以组合的形式出现，盘子的大小、材质、形状可以不同，但挂盘里的盘饰图案要形成一个统一的主题，或者形成统一的风格、气质。

由于挂盘本身就有内在随性、灵动的气质，除了盘子本身的组合可以多样化之外，其摆放的空间也可以很灵活，不拘一格。除了悬挂在闲置的白墙上之外，橱窗、层架、玄关、窗沿、门框等位置，都可以尝试用挂盘装饰，打造出令人眼前一亮的装饰效果。

◇ 炫彩挂盘

◇ 青花挂盘

◇ 以组合的形式出现的装饰挂盘，盘饰图案要形成一个统一的主题

◇ 纯色挂盘

不同主题的挂盘要搭配相应的室内风格，才能发挥锦上添花的作用。装饰挂盘的主题风格也多种多样，如：清新淡雅、活泼俏皮、简洁明艳、复古典雅、华丽繁复、个性前卫，还有浓郁民族风等，具体要结合室内空间的装饰特色加以选择，最终相互映衬、相得益彰。

挂盘在墙面上的排布形式主要有规则排列和不规则排列两种。当挂盘数量多、形状不一、图案各异时，可以选择不规则的排列方式。建议先在地面上设计好整体排列的位置，再将其贴到墙上。当挂盘数量不多，而且形状相同时，建议采用规则排列的手法。例如两列竖排盘子，中间加一个置物层板，形成一个 H形。层板上可以摆放一两盆绿植，软化挂盘的硬结构，也是一个很不错的装饰手法。

◇ 装饰挂盘不规则排列

◇ 民族风题材的装饰挂盘

◇ 装饰挂盘规则排列

软装饰品风格搭配

FURNISHING DESIGN

Point

01 轻奢风格饰品搭配

轻奢空间所搭配的摆件往往会呈现出强烈的装饰性，并且善于灵活地运用重复、对称、渐变等美学法则，使几何元素融于摆件中，搭配空间里的其他元素，使整体富有装饰性。如采用金属、水晶以及其他新材料制造的工艺品、纪念品与家具表面的丝绒、皮革一起营造出华丽典雅的空间氛围。

金属是工业化社会的产物，同时也是体现轻奢风格特色最有力的装饰材料。金色的金属壁饰搭配同色调的软装元素，可以营造出气质独特的轻奢氛围。需要注意的是，在使用金属壁饰来装饰墙面的时候，应添加适量的丝绒、皮草等软性饰品来调和金属的冷硬感。在烘托轻奢空间时尚气质的同时，还能起到平衡家居氛围的作用。

◇ 以金属摆件作为餐桌的中心装饰物

◇ 黄铜壁饰

◇ 水晶摆件

◇ 抽象人脸摆件

02 北欧风格饰品搭配

北欧风格秉承着以少见多的理念，选择精妙的饰品加上合理的摆设，将现代时尚设计思想与传统北欧文化相结合。既强调了实用性又饱含人文情怀，使室内环境产生富有北欧风情的氛围。北欧风格质朴天然，自然清新，饰品相对比较少，大多数时候以植物盆栽、相框、蜡烛、玻璃瓶、线条清爽的雕塑进行装饰。此外，围绕蜡烛设计的各种烛灯、烛杯、烛盘、烛托和烛台也是北欧风格的一大特色，给寒冷的北欧空间带来一丝温暖。

麋鹿头墙饰一直都是北欧风格软装饰品的经典代表，凡是有北欧风格的家居空间，大多会有一个麋鹿头造型的饰品作为壁饰。鹿头多以铜、铁等金属或木质、树脂为材料的工艺品。墙面挂盘也能表现北欧风格崇尚简洁、自然、人性化的特点，可以选择简洁的白底，搭配海洋元素，清新纯净；也可将麋鹿图样的组合挂盘，挂置于沙发背景墙，为家增添一股迷人的神秘色彩。

◇ 烛台

◇ 玻璃器皿

◇ 白底黑色图案的挂盘

◇ 麋鹿头墙饰

Point

03 工业风格饰品搭配

工业材料经过设计打造的饰品，是突出工业风格装饰艺术的关键。选用极简风的金属饰品、具有强烈视觉冲击力的油画作品，或者现代感的雕塑模型作为装饰，也会极大地提升整体空间的品质感。这些小饰品别看体积不大，但能突出工业风的粗犷感，彰显独特的艺术品位。

工业风格的室内空间无须陈设各种奢华的摆件，越贴近自然和结构原始的状态越能展现该风格的特点。装饰摆件通常采用灰色调，用色不宜艳丽，常见的摆件包括旧电风扇、旧电话机或旧收音机、木质或铁皮制作的相框、放在托盘内的酒杯和酒壶、玻璃烛杯、老式汽车或者双翼飞机模型。此外，超大尺寸的做旧铁艺挂钟、带金属边框的挂镜或者将一些类似旧机器零件的黑色齿轮挂在沙发墙上，也能感受到浓郁的工业气息。

◇ 工业风格饰品

◇ 工业机械零件的装饰挂件

◇ 电风扇台灯

◇ 超大尺寸的做旧铁艺挂钟

04 法式风格饰品搭配

　　传统法式风格端庄典雅，高贵华丽，摆件通常选择精美繁复、高贵奢华的镀金镀银器或描有繁复花纹的描金瓷器，大多带有复古的宫廷尊贵感，以符合整个空间典雅富丽的格调。烛台与蜡烛的搭配也是法式家居中非常点睛的装饰，精致的烛台可以增添家居生活的情趣，利用其曼妙造型和柔和的烛光，烘托出法式风格雅致的品位。法式风格中通常用组合型的金属烛台搭配丰富的花艺，并以精美的油画作为背景，营造高贵典雅的氛围。而具有乡村风情的法式田园风格的常见摆件有中国青花瓷、古董器皿、编织篮筐、陶瓷雄鸡塑像以及古色古香的烛台等。

　　法式新古典风格的墙饰常见的有挂镜、壁烛台、挂钟等。其中挂镜一般以长方形为主，有时也呈现出椭圆形，其顶端往往布满浮雕雕刻并饰以打结式的丝带。木质挂钟是新古典风格空间常见的挂件装饰，挂钟以实木或树脂为主，实木挂钟稳重大方，而树脂材料更容易表现一些造型复杂的雕花线条。

　　法式田园风格的挂件表面一般都显露出岁月的痕迹，如壁毯、挂镜以及挂钟等，其中尺寸夸张的铁艺挂钟往往成为空间的视觉焦点。

◇ 描金瓷器与雕花金属边框的挂镜

◇ 法式田园风格饰品

◇ 金属烛台

05 美式风格饰品搭配

美式风格的室内空间，偏爱带有怀旧倾向以及富有历史感的饰品，例如地球仪、旧书籍、做旧雕花实木盒、表面略显斑驳的陶瓷器皿、动物造型的金属或树脂雕像等。在强调实用性的同时，非常重视装饰效果。除了一些做旧工艺的摆件之外，其墙面通常会用挂画、挂钟、挂盘、镜子和壁灯进行装饰，而且挂画的方式因为受到了欧洲理性建筑思维的影响，会比较严谨地采用对齐中线的挂置方式。

壁炉是美式风格客厅必不可少的元素，而合理巧妙地搭配一些小摆件可以给壁炉增色不少。壁炉周围的大型装饰要尽量简单，比如油画、镜子等要少而精。而壁炉上放置的花瓶、蜡烛以及小的相框等小物件则可适当地多而繁杂。此外，壁炉旁边也可适当加些落地摆件，如果盘、花瓶、放置木柴等都能营造温暖的氛围。

◇ 浮雕花纹的做旧陶瓷花器

◇ 美式风格挂钟

◇ 美式风格装饰饰品

◇ 公鸡图案餐盘

◇ 麋鹿造型摆件

06 东南亚风格饰品搭配

　　东南亚的纯手工工艺品种类繁多，大多以纯天然的藤竹柚木为材质，比如木质的大象工艺品，竹质藤艺装饰品，有很强的装饰效果。还有印度尼西亚的木雕、泰国的锡器等都可以用来做饰品，即便是随手摆放，也能平添几分神秘气质。草编、麻绳、藤类、木类做成的饰品，其色泽与纹理有着人工无法达到的自然美感。如草或麻绳编结成的花篮，豆子竹节穿起来的抱枕，咖啡豆穿起来的小饰品等，都有异曲同工之妙。

　　东南亚风格中的软装元素在精不在多，选择墙面装饰挂件时注意留白，营造沉稳大方的空间格调，选用少量的木雕工艺饰品和铜制品点缀便可以起到画龙点睛的作用。但注意铜容易生锈，在选用铜质挂件时要注意做好护理防生锈。此外，在东南亚风格中，可常见佛教元素的软装饰品，如佛像、佛手、烛台等，将佛教元素的装饰品运用到家居装修中，可让东南亚风格的空间多一份禅意的宁静。

◇ 木雕挂件

\# 郑树芬设计

◇ 佛像摆件

07　新中式风格饰品搭配

瓷器在中国古代就已是家居饰品的重要元素，其装饰性不言而喻。摆上几件瓷器装饰品可以给新中式风格的家居环境增添几分古典韵味，将中华文化的风韵洋溢于整个空间，例如将军罐、陶瓷台灯以及青花瓷摆件都是新中式风格软装中的重要组成部分。此外，寓意吉祥的动物如狮子、貔貅、小鸟及骏马等造型的瓷器摆件也是软装布置中的点睛之笔。在摆设时应注意构图原则，避免在视觉上形成一些不协调的感觉。

◇　寓意吉祥的貔貅瓷器摆件

◇　将军罐

◇　陶瓷摆件给新中式空间增添古典韵味

◇　陶瓷茶具

鸟笼摆件是新中式风格中不可或缺的装饰元素，能为室内空间营造出自然亲切的氛围。此外，鸟笼的金属质感和光泽在呈现中式风格特色的同时，也为室内环境带来了现代时尚的气息。目前市面上的鸟笼类别大致可分为铜质和铁质，铜质的比较昂贵，而铁质的容易生锈，因此可以在制作过程中进行镀锌处理，能够有效避免生锈的问题。

除了常见的装饰摆件外，案头的文房四宝、文人雅趣中的古书、折扇以及中式乐器等，都是体现中国古典文化内涵的不二选择。还可以将香具摆件运用到新中式空间中，让中国的传统文人气质，浑然天成地融合在居住环境里。

新中式风格的墙面常搭配荷叶、金鱼、牡丹等具有吉祥寓意的挂件。此外，扇子是古时候文人墨客的一种身份象征，为其配上长长的流苏和玉佩，也是装饰中式墙面的极佳选择。

◇ 文房四宝摆件

◇ 中式窗花

◇ 鸟笼摆件

08 现代简约风格饰品搭配

现代简约风格中的饰品元素，普遍采用极简的外观造型、素雅单一的色调和经济环保的材料。

尽量挑选一些造型简洁、高纯度色彩的摆件。数量上不宜太多，否则会显得过于杂乱。多采用以金属、玻璃或者瓷器材质为主的现代风格工艺品。此外，一些线条简单、造型独特甚至是极富创意和个性的摆件都可以成为简约风格空间中的一部分。

现代简约风格的墙面多以浅色单色为主，容易显得单调而缺乏生气，也因此具有很大的可装饰空间。挂钟、挂镜和照片墙等装饰，是其墙面最为普遍的装饰元素。现代简约风格的挂钟外框以不锈钢居多，钟面色系纯粹，指针造型简洁大气；挂镜不但具有视觉延伸作用，增加空间感，也可以凸显时尚气息；照片墙不仅有着良好的视觉感，而且还能让现代简约风格的家居空间变得十分温馨。

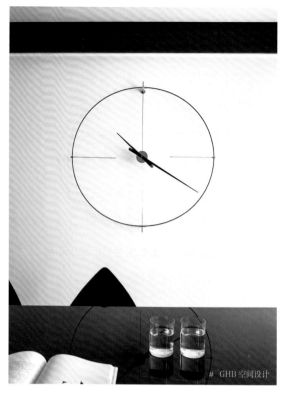

GHB 空间设计

◇ 极简造型挂钟

◇ 玻璃器皿

SSD 设计

◇ 镜面材质壁饰

09 装饰艺术风格饰品搭配

　　装饰艺术风格的饰品，往往代表着 19 世纪末科学技术的创新与进步。老式电视机、收音机、钟表、和留声机等都是不错的选择。在装饰艺术风格空间里，所搭配的饰品往往会呈现出强烈的装饰性，并且善于灵活运用重复、对称、渐变等美学法则，使几何元素融于饰品中，再搭配空间里的其他元素，使空间充满诗意并富有装饰效果。如采用金属、玻璃和塑料制造的工艺品、纪念品与家具表面的丝绒、皮革一起营造出豪华典雅的空间氛围。

　　装饰艺术风格里的装饰挂镜，常利用镜面本身来模仿装饰艺术风格建筑的造型特点。挂镜的材料一般以黄铜或者银质为主，镜框上常饰以动物、花卉以及几何图形等装饰纹样。在装饰艺术风格的空间里，还可常见八角形、放射形、几何造型和不规则造型的挂钟。挂钟表面通常饰以高光泽度的木质饰面板，并且利用精湛的工艺拼贴出锯齿形、三角形等几何图形作为挂钟的饰面。此外，以陶瓷、金属为材质制作的挂钟也较为常见。

◇ 几何图案的餐具和彩色玻璃器皿

◇ 金属底座的玻璃花器

◇ 齿轮、金字塔、放射状扇形等饰品

软装饰品空间应用

FURNISHING
DESIGN

Point

01 **玄关软装饰品摆场**

　　玄关区域的软装饰品宜简宜精，一两个高低错落摆放，形成三角构图凸显别致巧妙。

　　如果是没有任何柜体的玄关台面，可以陈设两个较高的台灯搭配一件低矮的花艺，形成两边高、中间低的效果。也可以直接用一盆整体形状呈散开形的花艺或者是一个横向长形的饰品去进行陈设。如果觉得摆设的花艺不够丰满，还可以在旁边再加上烛台或台灯。

　　由于某些家具的特殊性，例如有的玄关柜的柜体下层会带有隔板，这种情况下一般会选择在隔板上摆放一些规整的书籍或精致储物盒作为装饰。有盒子的情况下还可在边上放一些具有情景画效果的软装饰品。这类饰品可以很好地起到虚化作用。在台面上，可以在隔板虚化掉的这一边放上陶瓷器皿以及花瓶，然后再加上植物的点缀。这样就可以达到虚实结合的效果。

◇ 如果玄关柜的柜体下层带有隔板，可在上面摆放一些规整的书籍或精致储物盒作为装饰

◇ 两个较高的台灯对称摆设，中间搭配一组三角形陈设的工艺饰品，呈现秩序的美感中又蕴含细节的变化

◇ 装饰型的玄关可选择以一个体积较大的摆件作为中心装饰，形成视觉焦点

02 客厅软装饰品摆场

现代简约风格客厅应尽量挑选一些造型简洁的高纯度饱和色的摆件，金属壁饰也是一个非常不错的选择；新古典风格的客厅可以选择烛台、金属台灯等；美式乡村风格客厅经常摆放仿古做旧的软装饰品，如表面做旧的铁艺座钟、仿旧的陶瓷摆件等，老照片、装饰羚羊头挂件也较为常见；新中式风格客厅中，鼓凳、将军罐、鸟笼以及一些实木摆件能增加空间的禅味，小鸟、荷叶以及池鱼元素的陶瓷壁饰则适合出现在中式风格的客厅背景墙上；工业风客厅中常常出现齿轮造型的壁饰。

◇ 金属烛台更能展现新古典风格客厅的贵族气息

◇ 现代风格客厅常见造型简洁的工艺饰品

◇ 鸟笼是中式风格客厅常见的工艺饰品

◇ 富有历史感的工艺饰品是美式风格客厅的主要特征

客厅的壁炉台面上可放置一些其他情景类的饰品组合，比如像古典的雕塑、蜡烛和烛台，这样可以让整个壁炉看起来更加饱满。在壁炉后的墙面上挂一个铜质的挂镜，也是一个比较有代表性的做法，还可以在镜子前放置一幅尺寸较小的装饰画，不仅可以增强色彩冲击力，还可以减轻镜子的光线反射，给人一种视觉舒适的效果。

客厅茶几上的饰品需要摆放有序，把高低不同的物品安插摆放，形成错落有致的感觉，从视觉上创造一个富有层次感的画面。除了茶几之外，边几小巧灵活，其作用在于方便日常放置经常流动的小物件，如台灯、书籍、咖啡杯等，这些常用品可作为软装配饰的一部分，然后再配合增添一些小盆栽或精美工艺品，就能营造一个自然闲适的小空间。

◇ 茶几上的工艺饰品适合三角形陈设的手法，高度不一的搭配富有层次感

◇ 古典造型的装饰镜与手绘描金瓷器让法式风格的壁炉区域显得十分饱满

◇ 角几上摆设的小物件也应作为客厅软装配饰的一部分

03 卧室软装饰品摆场

卧室需要营造一个轻松温暖的休息环境，色调不宜太重太多，光线亦不能太亮，以营造一个温馨轻松的居室氛围，所以饰品不宜过多。除了装饰画、花艺，点缀一些首饰盒、小摆件就能让空间提升氛围。也可在床头柜上放一组照片配合花艺、台灯，能让卧室倍添温馨。

卧室墙面的挂件应选择图案简单、颜色沉稳内敛的类型，给人以宁静和缓的心情，利于高质量的睡眠。别致的树枝造型的挂件有多种材质，例如陶瓷加铁艺，还有纯铜加镜面，都是装饰背景墙的上佳选择，相对于挂画更加新颖，富有创意，给人耳目一新的视觉体验。在中式风格的卧室中，圆形的扇子饰品配上长长的流苏和玉佩，是装饰床头墙的最佳选择。

◇ 卧室床头柜上可按一定的构图法摆设相框、摆件和小体量的插花

◇ 卧室五斗柜上的饰品较多采用三角形构图陈设的手法

◇ 形态丰富的金属壁饰成为现代简约风格卧室空间的视觉中心

儿童房的装饰要考虑到空间的安全性以及对身心健康的影响，通常避免大量的装饰，不用玻璃等易碎品或易划伤的金属类饰品，墙面上可以是儿童喜欢的或引发想象力的装饰，如儿童玩具、动漫童话挂件、小动物或小昆虫挂件、树木造型挂件等，也可以根据儿童的性别选择不同格调的工艺品挂件，鼓励儿童多思考、多接触自然。

◇ 启蒙孩子教育的世界地图造型壁饰

◇ 色彩丰富的挂盘体现活泼童趣的主题

◇ 富有趣味性的工艺饰品是儿童房的首选

◇ 女孩房中粉色花卉造型的壁饰

04 餐厅软装饰品摆场

　　餐厅软装饰品的主要功能是烘托就餐氛围,餐桌、餐边柜甚至墙面搁板上都是摆设饰品的好去处。桌旗、花器、烛台、餐巾环、仿真盆栽以及一些创意铁艺小酒架等都是不错的搭配。烛台应根据所选餐具的花纹、材质进行选择,一般同质同款的款式比较保险;桌旗是餐厅的重要装饰物,对于营造氛围起到很大的作用,色彩建议与餐椅互补或近似;小小餐巾环能彰显餐桌的精致感,材质、花样、造型能与其他软装饰品呼应的被视为最佳选择,比如与银器上的纹理呼应,又比如与烛台造型呼应,再比如与餐巾的颜色呼应等。

　　餐厅如果是开放式空间,应该注意软装配饰在空间上的连贯,在色彩与材质上的呼应,并协调局部空间的气氛。例如餐具的材料如果是带金色的,在工艺品挂件中加入同样的色彩,有利于空间氛围的营造与视觉感的流畅,使整个空间显得更加和谐。

IDEAL 陈设艺术

◇ 新中式风格餐桌摆饰

久度设计

◇ 现代风格餐桌摆饰

◇ 欧式风格餐桌摆饰

05 书房软装饰品摆场

　　书房需要营造安静的氛围，所以软装饰品的颜色不宜太过跳跃、造型避免太怪异，以免给进入该区域的人造成压抑感。现代风格书房在选择软装饰品时，要求少而精，适当搭配灯光效果更佳；新古典风格书房中可以选择金属书挡、不锈钢烛台等摆件。中式风格的书桌上常用的软装饰品有不可或缺的"文房四宝"，笔架、镇纸、书挡和中式造型的台灯。

　　书房同时也是一个收藏区域，如果软装饰品以收藏品为主也是一个不错的方法。具体可以选择有文化内涵或贵重的收藏品作为重点装饰，与书籍或居住者个人喜欢的小饰品搭配摆放，按层次排列，整体以简洁为主。

◇ 如果书房中的开放式书柜面积较大，可考虑把工艺饰品与书籍穿插摆设

◇ 中式风格书房中，毛笔架等"文房四宝"是表现书香气息的最佳元素

◇ 现代风格书房的软装饰品要求造型简洁，数量少而精

06 茶室软装饰品摆场

在家中打造一间清新雅致的小小茶室,燃一线香,沏壶好茶,在行云流水的琴音中体味淡泊的心境,细品袅袅的茶香,这未尝不是现代生活中返璞归真的诗意栖居。

茶室软装饰品的选择宜精致而有艺术内涵,或用一两幅字画、些许瓷器点缀墙面,以大量的留白来营造宁静的空间氛围或用一些具有自然而和缓格调的、带有山水的艺术元素,如莲叶、池鱼、流水等,与茶文化气质相呼应;除此之外,还可以在墙面挂上一些具有民俗风情的物品,比如蓑衣、斗笠、竹篓等,这样可以增添茶室的乡土气息,别有一番趣味。或者可以添加一些根雕、竹雕、陶艺、盆景、奇石和花卉等摆设,这样也能增强茶室的美观性。

◇ 焚香品茗是文人雅士不可或缺的生活内容

◇ 茶室首选与茶文化气质相呼应的工艺饰品

◇ 根雕摆件搭配陶器表现出清雅淡泊的中式禅意氛围

◇ 运用大量留白与原木色营造禅意宁静的茶室氛围

软装饰品陈设实例

FURNISHING DESIGN

朴悦设计

艾迪尔设计

软装材质

亚光漆、不锈钢、陶瓷、皮革、木质

陈设手法

这是一个用色高级且有质感的空间。壁柜里的每一件软装陈设都是精挑细选过的，花器是陶瓷材质、装饰盒是皮革材质，装饰马有细腻的肌理和色泽，同时还搭配了精致的壁灯。空间内装饰元素的共性是色调统一，材质都具有淡淡的光泽，差异是通过不同的材质，体现更多的质感。第一眼看平淡无奇，细细品味后就能感受到设计师的心意。

软装材质

棉、丝棉、大理石、不锈钢、装饰铜钉

陈设手法

当大面积的装饰，如墙面和沙发，都是低调的单色时，小面积装饰图案和纹理的丰富度，都能决定空间要表达的气质。本案空间的低调奢华感，便是通过图案和纹理的丰富度来表达。无论是装饰画、抱枕以及装饰盒，还是墙面旧金色的不锈钢条、茶几上的图案肌理，都是空间中值得细细品味的设计点。

软装材质

亚光漆、不锈钢、陶瓷、木质

陈设手法

装饰画上抽象写意的内容，如天地初开时的混沌状态，远古的云、山、河流……画面给予人无尽的想象空间。边柜上的器皿，色彩深沉，牛骨质感的小雕塑以及造型酷似犄角的装饰摆件，其气质和整体空间一致。画面中虽然只是空间内的一个局部，但仍然可以看到明确的设计思路。

软装材质

实木、亚克力、绒布、不锈钢、亚光漆

陈设手法

硬装基调温暖舒适的书房空间，色彩柔和高级。家具的材质是亮点，天然板材的桌面搭配亚克力的桌腿，极具时尚感，当光源洒下，可以营造桌面的天然板材悬浮在空间中的视觉感。桌面和书柜里的装饰品都选择的是亚光的材质，质感温润。亚克力和灯具的不锈钢材质是空间精致感的表达。

软装材质

丝绒、金属、不锈钢、羊毛

陈设手法

硬装造型偏硬朗，整体空间显得理性干练。床和贵妃椅的造型都有圆润的弧形，丝绒面料烘托出柔和的质感，床头柜和边柜的造型则和硬装造型相呼应。色彩决定了空间的气质方向，大面积的暖色和藕荷色，配合材质的光泽感，营造出温润的轻奢气质。

软装材质

棉、亮光漆、绒布、羊毛、不锈钢

陈设手法

空间中的墙面造型使用深色搭配，有着复古的装饰感。背景色都是深色的大基调下，软装陈设都选用了浅色系的装饰。床的造型与墙面造型呼应，床头柜的拉手和墙面的壁挂都非常有装饰感。个性的装饰与空间个性的色彩搭配，气质匹配。棉、针织、羊毛质地的床上用品，柔和了空间复古个性的气质，为卧室空间增加了温暖感。

软装材质

亚光漆、皮革、装饰铜钉、陶瓷

陈设手法

空间中的这一角，处处透露着精致的细节。边柜的造型是传统翘头案的现代改良款，优美的弧线非常有装饰感。装饰品为空间带来更多精致浓郁的氛围，造型都颇有艺术的美感。装饰画上的染过色的铜钉、陶瓷温润质感的雕塑以及金色的花器……这些材质都具有很好的装饰感，搭配冬青花，流露出动人的美感。

软装材质

显纹清漆、不锈钢、棉麻布艺、陶瓷

陈设手法

通过空间中的家具，可以判断这是一个茶室兼书房空间，经典的茶桌及圆凳，是中式风格茶室中常用到的搭配。书柜里的软装陈设用色统一，装饰品都选择的是灰白色、浅褐色以及蓝灰色。陈设中数量最多的书籍是成套系的，让书柜里的视觉细节统一有章法。小件装饰品色调一致，造型和材质相互呼应，多而不乱。

软装材质

绒布、棉、大理石、不锈钢、亚光漆

陈设手法

从具有时尚感的家具造型和精致的饰品，可以判断这是一个有当代艺术美感的中式风格客厅。墨绿色的家具面料和大理石、不锈钢质感的茶几、边几气质一致，都有奢华感。茶几上的装饰品陈设手法饱满，花器、石狮雕塑以及茶具都是通透的灰白色的材质，因此茶几上物品虽多，但不会感觉很乱。

软装材质

皮革、绒布、大理石、不锈钢、羊毛

陈设手法

空间的色彩都是灰色调，搭配钴蓝色做点缀，整体色调偏冷，都市感十足。家具的主要造型，如三人沙发、电视柜都是硬朗的造型，组合茶几和单人沙发的造型时尚且富有质感，羊毛地毯则为空间带来了温度。皮革相比布艺，在硬度和光泽感上更强，也更适合用在表达都市时尚气质的空间。

软装材质

木质、亚光显纹漆、金属细节、羊毛

陈设手法

从软装陈设主题可以看出，这是一个天文爱好者的书房空间。空间中的家具造型都以直线条为主，亚光显纹的木质，让人不禁联想到另一个星球表面不光滑的质感。在色彩搭配上，有冷感和暖感的差别，形成了平衡有互补。天文望远镜、星球画面的装饰画以及书桌上书柜里的装饰摆件，都是围绕天文主题进行搭配，很直观地给人引导和想象。

软装材质

亚光漆、陶瓷

陈设手法

本案中书柜里的软装陈设、装饰盒以及书籍，使书柜的内部空间能够形成块面感。其次，陶瓷装饰罐的造型相似，材质统一，不会给人摆放很乱的感觉。局部对称摆放的装饰品增加了书柜的统一性。陈设品中面积最大的装饰画，让整个书柜更加饱满。

软装材质

大理石、不锈钢、亚光漆、陶瓷、木质

陈设手法

中式书房的茶桌上摆放茶具，还原喝茶的场景，营造真实的氛围最能打动人。茶桌上的花艺和绿植造型，通过即兴、熟练的插花技巧，呈现原始美感。书柜里的书，选用真书比仿真书动人。再加上墙面空灵写意的水墨画面，为空间气质加分。设计中的美感依托于人和情感最真实的表达。

软装材质

亚光漆、陶瓷、黄铜、不锈钢

陈设手法

在本案中，书房里的软装陈设大多都是书籍。书籍的款式是比较厚的精装版本，色彩统一，在书柜里摆放的块面感很强。陶瓷装饰罐的造型是成套的，再加上三件造型一致的装饰花艺点缀，让书柜里的软装陈设显得统一有序。书桌上没有用过多复杂的陈设，生活化的笔墨纸砚，和一件造型原生态、色泽考究的艺术雕塑，足以营造浓郁的中式氛围。

软装材质

亚光皮革、亚光漆、不锈钢、水晶

陈设手法

空间中的家具造型都有一些精致的细节，比如沙发面料的褶皱感、茶几的亮面金属和有菱形质感的底座、电视柜的金属复古拉手、边几的不锈钢细节装饰。通过软装的造型和材质，凸显空间装饰的轻奢质感。特立独行的装饰画，让空间变得更加具有男性化的特质，电视柜上的装饰摆件，则呼应了装饰画的格调。

软装材质

亚光漆、不锈钢

陈设手法

这个空间局部的墙面，选用了画面优美并具有装饰感的壁纸。因此，在家具选择上选用了造型纤细的装饰边柜，以尽可能更多地将壁纸展示出来。边柜造型虽然轻盈，但颜色选用的是沉稳的深褐色，增加了家具的重量感，让人不会觉得过于轻盈。边柜上的装饰品和墙面装饰画的画面都是灵动自然的。软装搭配和壁纸表达的惬意休闲的气质相呼应。

软装材质

棉、黑玻璃、不锈钢

陈设手法

通过黑玻璃材质的茶几，可以判断这是一个有轻奢艺术感的空间。沙发的面料是舒适度高的棉质面料，沙发上搭配了色彩饱和度较高的装饰抱枕，抱枕的色彩丰富了空间。与之色彩呼应的是墙面装饰性极强的挂画，画中的靛蓝是最能体现华丽感的色彩之一。此外，装饰摆件的造型艺术感强烈，色彩高级，因此也是空间中亮眼的细节。

棉、丝棉、皮革、亚光漆、陶瓷

气质温润的卧室空间，从硬装到软装的材质都有淡淡的光泽感，色彩温和。通过深褐色的墙面背景和床头柜、装饰抱枕来增加空间中的重色，保持用色平衡。墙面和床上用品都有装饰图形肌理，以充分的细节处理，让空间显得精致、丰富。

棉、丝棉、不锈钢、陶瓷、亚光漆

空间中最亮眼的是壁纸的图案，山水田园般惬意悠然，装饰感强。床和床头柜造型简洁大方，床的面料选择以及床上用品的丝棉面料，有亚光的质感。床头柜上的木纹和拉手细节，材质、图案和纹理都是高级感的体现。祥云小摆件与壁纸的风格统一，花器的色彩和床头柜色彩属于同色相，点缀以枣红色为整个空间带来了视觉惊喜。

棉、亮光漆、不锈钢

现代轻奢风格的书房空间，软装的造型、材质和色彩都是明确的表达主题。装饰摆件数量虽然不多，但都点睛到位。空间中比较特别的是装饰画，画面内容为空间增加了趣味性和艺术感。紫色和黄色是互补色，小面积色彩的装饰让空间更加生动。

软装材质

皮革、亚光漆、不锈钢

陈设手法

明媚的空间，家具造型都有可爱俏皮的细节，如椅子的扶手、边柜的门和拉手。材质有精致奢华感，但因为大面积颜色都是纯白色系，所以没有给人很厚重的奢华感觉。明亮的白色让空间洋溢着纯粹的青春气质，装饰画上的珊瑚红，饱满、装饰性强。空间中的装饰品造型也是具有动感的形态，时尚且活泼。

软装材质

棉麻、大理石、亚光漆、不锈钢

陈设手法

造型方正、经典的卧室空间，从墙面到家具的造型都是直线条，材质的色彩都是灰调，皮革和棉麻布艺有低调的高级感。装饰品的色调和床上的抱枕、装饰毯一致，都是黑白色的搭配。摩登时尚的黑白色，搭配浅金色的不锈钢材质，细节精致有看点。

邱玲玲设计

黄全设计

软装材质

皮革、亮光漆、亚光漆、不锈钢

陈设手法

干净利落、极富现代都市气质的书房空间。书柜造型简练，亮光漆材质时尚感十足，褶皱的面料让书椅有了丰富的美感。装饰品的选择不但精致、富有艺术气质，而且表达出了青春的活力。空间整体用色统一高级，灯带的光源和金色的台灯，看似不经意，实则起到了点睛的作用。

软装材质

皮革、亚光漆、木质、羊毛、陶瓷

陈设手法

空间中的设计表达颇有新意，背景墙面、地面和装饰条案的材质和色彩都是统一的。硬装设计没有运用太多的造型装饰，而是用低彩度的色彩表达高级感，弱化条案的造型，使之和背景墙融合在一起，并通过条案上面的陈设和装饰画表达丰富的场景。同时，弱化条案的造型，休闲椅的时尚感凸显，造型流畅，选材高级。茶几上的陈设和地毯的图案纹样都十分丰富，不仅装饰效果强烈，而且还富有生活气息。

软装材质

皮革、绒布、不锈钢、木质、镜面、水晶

陈设手法

用色统一的轻奢空间，通过艺术装饰品提升质感。家具选用的是同系列的产品，造型材质和色调都一致。艺术屏风对称装饰，屏风上的镜面材质，增加了空间的仪式感和装饰性。沙发墙面的壁挂装饰也极具艺术气质。多而不乱的装饰品，让空间显得饱满成熟。

软装材质

棉麻、亚光绒布、皮革、玻璃、不锈钢、羊毛

陈设手法

空间色调是在统一的灰色调中，做冷暖的变化。家具造型时尚大气，围合式的主沙发，将空间布局设计得更具私密感，围坐聊天、洽谈，都是极佳的体验。家具材质基本都是亚光的，具有低调的高级感，而且舒适度高。搭配少量亮光材质，如茶几、装饰吊灯作为点缀，设计表达张弛有度。此外，装饰品的选择也极具当代的艺术美感。